Breve historia de los agujeros negros

Rebecca Smethurst es una galardonada astrofísica y divulgadora científica de la Universidad de Oxford, especializada en galaxias y agujeros negros. En 2022 recibió la beca de investigación de la Royal Astronomical Society, la más prestigiosa en la materia. Su canal de YouTube, *Dr. Becky*, está lleno de vídeos sobre objetos extraños en el espacio, historia de la ciencia y resúmenes de la actualidad espacial, y es seguido por más de 400.000 suscriptores. También presenta *The Supermassive Podcast* en asociación con la Royal Astronomical Society, que recibe miles de escuchas cada mes, y aparece regularmente en la televisión y la radio nacionales para explicar las últimas noticias y avances espaciales. Pese a ser una de las mayores expertas en agujeros negros de la actualidad, asegura que su mayor logro fue identificar la canción de *Frozen* en un concurso navideño de televisión. Lo hizo, dice orgullosa, en menos de dos segundos.

REBECCA SMETHURST

Breve historia de los agujeros negros
¿Qué ocultan los objetos más misteriosos del universo?

BLACKIE BOOKS
★ BA53 ★

Traducción de Francisco J. Ramos Mena

Título original: *A Brief History on Black Holes*

© del texto: Dr Becky Smethurst, 2022. Publicado originalmente en
Macmillan en 2022, un sello de Pan Macmillan. Derechos negociados a través
de Gleam Futures Ltd.
© de las ilustraciones: Megan Gabrielle Smethurst, @megansmethurst_gdesig
© imagen en la página 33: NASA, ESA y Allison Loll/Jeff Hester (Arizona
State University). Agradecimientos: Davide De Martin (ESA/Hubble) / crédito
de los datos en la página 40: University of California, San Diego / Imagen en la
página 64: ESO/Landessternwarte Heidelberg- Königstuhl/F. W. Dyson, A. S.
Eddington, & C. Davidson / Imagen en la página 116: Granger/Shutterstock /
Imagen en la página 175: Event Horizon Telescope collaboration et al.
© de la fotografía de la autora: Angel Li
© de la traducción: Francisco J. Ramos Mena, 2023
© de la edición: Blackie Books S.L.U.
Calle Església, 4-10
08024, Barcelona
www.blackiebooks.org
info@blackiebooks.org

Maquetación: David Anglès
Impresión: Liberdúplex
Impreso en España

Primera edición en esta colección: julio de 2024
ISBN: 978-84-10025-65-3
Depósito legal: B 5351-2024

A ti, y a la curiosidad que te ha traído hasta aquí.

¡Ah!, y a mamá, por devolverme siempre
a la Tierra con una sonrisa.

Índice

Prólogo

A hombros de gigantes

En este preciso momento, mientras te sientas, te relajas y te dispones a leer este libro, te estás moviendo a una velocidad increíble. La Tierra gira sobre su eje, transportándonos a través de la inexorable marcha del tiempo de un día para otro; y al mismo tiempo orbita alrededor del Sol, desplazándonos a través de los cambios de las estaciones.

Pero eso no es todo. El Sol es solo una de las estrellas de la Vía Láctea, nuestra galaxia, que alberga más de 100.000 millones de ellas. El Sol no es excepcional, ni está en el centro. De hecho, es una estrella bastante normalita y de lo más corriente. El Sistema Solar se encuentra en un brazo espiral secundario (¿empiezas a captar la idea?) de la Vía Láctea, conocido como Brazo de Orión, y la propia Vía Láctea es también una isla de estrellas en forma de espiral bastante genérica, ni demasiado grande ni demasiado pequeña.

Todo eso implica que, junto a la velocidad de rotación de la Tierra y la velocidad de traslación de esta alrededor del Sol, también nos estamos moviendo en torno al centro de la Vía Láctea a una velocidad de 724.000 kilómetros por hora. ¿Y qué hay en ese centro? Un agujero negro supermasivo.

En efecto: en este momento estás orbitando un agujero negro; un lugar del espacio con tanta materia comprimida, con tal densidad, que ni siquiera la luz —que viaja a la velocidad más rápida que existe— tiene suficiente energía para ganar un tira y afloja contra su gravedad una vez que se acerca demasiado. La noción de los agujeros negros ha cautivado y frustrado de manera simultánea a los físicos durante décadas. En términos matemáticos, los describimos como un punto infinitamente denso e infinitesimalmente pequeño, rodeado por una ignota esfera de la que no nos llega ni luz ni información. Sin información no hay datos, sin datos no hay experimentos, y sin experimentos no hay forma de saber qué tiene «dentro» un agujero negro.

Para un científico, el objetivo es siempre ver el panorama más completo posible. Si nos alejamos de nuestro patio trasero del Sistema Solar para abarcar todo el conjunto de la Vía Láctea, y luego aún más allá para ver los miles de millones de otras galaxias que pueblan todo el universo, nos encontramos con que los agujeros negros asumen siempre el protagonismo desde una perspectiva gravitatoria. El agujero negro que ocupa el centro de la Vía Láctea, el actual responsable de tu movimiento a través del espacio, es aproximadamente cuatro millones de veces más masivo que nuestro Sol; de ahí que se lo denomine *agujero negro «supermasivo»*. Por grande que pueda parecer, los he visto mayores. Hay que volver a decir que, en términos relativos, el agujero negro de la Vía Láctea es bastante normalito. No es ni especialmente masivo, ni energético, ni activo, por lo que resulta casi imposible detectarlo.[1]

---

1. De hecho, eso dificultó muchísimo la tarea de averiguar si el centro de la Vía Láctea era realmente un agujero negro o no. De haber sido un agujero negro más activo —del tipo de los que crecen «comiendo» más material—, habría resultado ser uno de los objetos más brillantes del universo. Las estrellas del cielo austral, el firmamento del hemisferio sur, apenas serían visibles por el resplandor de ese agujero negro central de la Vía Láctea. Creo que es un mundo que me gustaría ver.

La mera circunstancia de que yo pueda aceptar esas afirmaciones como un hecho, dándolas prácticamente por sentadas todos los días, es extraordinaria en sí misma. Hasta finales del siglo XX no llegamos a comprender del todo que en el centro de cada galaxia había un agujero negro supermasivo, lo que nos recuerda que, si bien la astronomía es una de las ciencias más antiguas, practicada por civilizaciones ancestrales en todo el mundo, la astrofísica —que, de hecho, explica la física subyacente a lo que ven los astrónomos— sigue siendo una disciplina relativamente nueva. Los avances tecnológicos producidos a lo largo del siglo XX y en lo que llevamos del XXI no han hecho más que empezar a arañar la superficie de los misterios del universo.

Hace poco tuve el placer de perderme en una enorme librería de viejo,[2] y me tropecé con un volumen escrito en 1901 que llevaba por título *Astronomía moderna*. En la introducción, su autor, Herbert Hall Turner, afirma:

Antes de 1875 (la fecha no debe considerarse con excesiva precisión) existía la vaga sensación de que los métodos de trabajo astronómico habían alcanzado algo similar a un carácter definitivo; desde entonces apenas hay uno de ellos que no se haya visto considerablemente alterado.

Herbert se refería en concreto a la invención de la placa fotográfica. Los científicos ya no dibujaban lo que veían a través de los telescopios, sino que lo registraban de forma precisa en enormes placas metálicas recubiertas de un producto químico que reaccionaba a la luz. Además, los telescopios eran cada vez más grandes, lo que implicaba que podían captar más luz y ver

2. Concretamente, se trata de Barter Books, en el pueblecito británico de Alnwick, en Northumberland. Podría pasarme horas allí. Muy recomendable si vives en el Reino Unido.

cosas más tenues y más pequeñas. En la página 45 de mi ejemplar hay un maravilloso diagrama que muestra cómo el diámetro de los telescopios había aumentado de unas míseras diez pulgadas (unos 25 centímetros) en la década de 1830 hasta nada menos que 40 (alrededor de un metro) a finales de siglo. En el momento de redactar estas líneas, el mayor telescopio en construcción es el llamado Telescopio de Treinta Metros de Hawái, dotado de un espejo para captar la luz que, como habrás podido adivinar, mide exactamente treinta metros de diámetro —unas 1.181 pulgadas en términos de Herbert—, así que, sin duda, hemos avanzado mucho desde la década de 1890.

Lo que me encanta del libro de Herbert Hall Turner (y la razón por la que *tuve* que comprarlo) es que sirve como recordatorio de lo rápido que pueden cambiar las perspectivas en el ámbito de la ciencia. No hay nada en el libro que ni yo ni mis colegas que en estos momentos realizan investigaciones astronómicas reconoceríamos como «moderno», e imagino que dentro de otros ciento veinte años un futuro astrónomo que leyera este libro probablemente pensaría lo mismo. En 1901, por ejemplo, se creía que el tamaño de todo el universo se extendía tan solo hasta las estrellas más lejanas del extremo de la Vía Láctea, a unos 100.000 años luz de distancia. No sabíamos que allí fuera había otras islas de miles de millones de estrellas, otras galaxias, en la inmensidad de un universo en expansión.

En la página 228 de la *Astronomía moderna* de Turner hay una imagen tomada con una placa fotográfica de lo que aparece rotulado como NEBULOSA DE ANDRÓMEDA. Resulta inmediatamente reconocible como la *galaxia* de Andrómeda (o quizá, para mucha gente, como una antigua imagen de fondo de escritorio del Apple Mac). Andrómeda es una de las galaxias vecinas más cercanas a la Vía Láctea, una isla en el universo con más de un billón de estrellas. La imagen es casi idéntica a la que hoy podría tomar un astrónomo aficionado desde el jardín de su casa. Pero ni siquiera el avance de la tecnología de las placas fotográficas a finales del siglo XIX, que permitió registrar las primeras imágenes de Andrómeda, llevó a comprender de forma inmediata lo que de verdad era. Por entonces aún se la denominaba *nebulosa*: es decir, un objeto difuso, parecido a una nube de polvo y en nada similar a las estrellas, que se creía ubicado en algún lugar de la Vía Láctea, a la misma distancia que la mayor parte de estas últimas. Habría que esperar a la década de 1920 para conocer su auténtica naturaleza: una isla de estrellas por derecho propio, situada a millones de años luz de la Vía Láctea. Este descubrimiento transformó radicalmente toda nuestra perspectiva sobre la magnitud del universo y nuestro lugar en él. Nuestra visión del mundo se vio alterada de la noche a la mañana al apreciar por primera vez el verdadero tamaño del cosmos. Los humanos éramos una gota aún más diminuta en un océano aún mayor de lo que habíamos imaginado.

En mi opinión, el hecho de que no hayamos sido capaces de apreciar la verdadera escala del universo hasta los últimos cien años más o menos constituye el mejor indicativo de la juventud de la astrofísica. El ritmo de los avances producidos en el siglo XX ha superado con creces hasta los más descabellados sueños de Herbert Hall Turner en 1901. Ese año, a prácticamente nadie se le había pasado por la cabeza la idea de un agujero negro. Más tarde, en la década de 1920, estos eran meras curiosidades teóricas, que resultaban en especial irritantes a físicos como Albert Einstein porque violentaban sus ecuaciones y parecían antinaturales. En la década de 1960 se había aceptado su existencia, al menos en el plano teórico, gracias en parte al trabajo de los físicos británicos Stephen Hawking y Roger Penrose, y del matemático neozelandés Roy Kerr, que resolvió las ecuaciones de la relatividad general de Einstein en el caso de un agujero negro giratorio. Esto condujo, a principios de la década de 1970, a postular por primera vez la posible existencia de un agujero negro en el centro de la Vía Láctea. Situemos esto en contexto por un momento: los humanos conseguimos llevar a alguien a la Luna antes de poder comprender siquiera que pasamos toda nuestra vida orbitando inexorablemente alrededor de un agujero negro.

No fue hasta 2002 cuando las observaciones confirmaron que, de hecho, lo único que podía haber en el centro de la Vía Láctea era un agujero negro supermasivo. Dado que llevo menos de diez años investigando sobre los agujeros negros, con frecuencia necesito que me lo recuerden. Creo que todos tenemos tendencia a olvidar cosas que incluso hasta hace poco no sabíamos; a olvidar, por ejemplo, cómo era la vida antes de que hubiera teléfonos inteligentes, o que solo en este milenio hemos sido capaces de cartografiar íntegramente el genoma humano. Comprender la historia de la ciencia nos permite valorar mejor los conocimientos que hoy nos resultan tan preciados. Una mirada retrospectiva a ella es como un viaje en el tren del pensamiento colectivo de miles de investigadores. Pone en perspectiva todas esas teorías que tan acostumbrados estamos a repetir como loros hasta el punto de olvidar el fuego en el que inicialmente se fraguaron. La evolución de las ideas nos ayuda a entender por qué unas se descartaron mientras se defendieron otras.[3]

---

3. Como amante de la historia de la ciencia, me resulta a la vez doloroso y curiosamente fascinante observar el auge de los «terraplanistas», quienes afirman que la Tierra es plana. Insisten en que la NASA y el gobierno estadounidense (con la presumible connivencia de todas las demás agencias espaciales y gobiernos) han estado perpetuando la mentira de una Tierra esférica. Lo interesante del asunto es que las ideas y los argumentos que debaten entre ellos son los mismos que esgrimían los primeros filósofos griegos hace miles de años, pero que finalmente se descartaron tras posteriores experimentos y observaciones. Ese es el obstáculo crucial con el que tropiezan los «terraplanistas»: renunciar a un argumento al que están emocionalmente apegados cuando sus experimentos les demuestran que la Tierra no es plana; de algún modo, no pueden poner fin a su odisea de sesgos de

A menudo pienso en ello cuando la gente cuestiona la existencia de la materia oscura. Se trata de un tipo de materia que sabemos que está ahí por su atracción gravitatoria, pero que no podemos ver porque no interactúa con la luz. La gente se pregunta hasta qué punto es plausible que no podamos ver lo que creemos que constituye el 85% de toda la materia del universo. Seguramente debe de haber alguna otra cosa en la que aún no hemos pensado, ¿no? Yo nunca sería tan arrogante como para afirmar que hemos pensado en absolutamente todo, porque el universo nos mantiene de forma constante en vilo. Pero la gente olvida que la idea de la materia oscura no surgió de buenas a primeras para explicar alguna curiosidad acerca del universo: surgió después de más de tres décadas de observaciones e investigaciones que no apuntaban a ninguna otra conclusión plausible. De hecho, durante años, los científicos se mostraron renuentes a creer que la materia oscura fuera la respuesta; pero al final las pruebas resultaron ser abrumadoras. La mayoría de las teorías científicas confirmadas por observaciones se gritan a los cuatro vientos; la de la materia oscura, en cambio, probablemente ha sido la teoría aceptada más a regañadientes de toda la historia de la humanidad. Nos obligó a admitir que sabíamos mucho menos de lo que creíamos, una experiencia humillante para cualquiera.

En eso consiste la ciencia: en reconocer aquello que no sabemos. Cuando lo hacemos, entonces podemos progresar, y eso vale para la ciencia, para el conocimiento o para la sociedad en general. La humanidad en su conjunto progresa gracias a los avances en el conocimiento y en la tecnología, así como al impulso de su mutua interacción. El ansia de saber más sobre el tamaño y el contenido del universo, de ver cosas más lejanas

---

confirmación. Pero una sociedad nunca progresa si se niega a modificar sus creencias cuando se le presentan pruebas abrumadoras en sentido contrario.

y más tenues, impulsó la mejora de los telescopios (de un metro de diámetro en 1901 a treinta en la década de 2020). Cansados de las engorrosas placas fotográficas, los astrónomos fueron pioneros en la invención de fotodetectores digitales, y actualmente todos llevamos una cámara digital en el bolsillo. Este invento permitió mejorar las técnicas de análisis de imágenes, necesarias para interpretar las observaciones digitales más detalladas. Y, a su vez, estas se incorporaron a las técnicas de diagnóstico por imagen en medicina, como la resonancia magnética o la tomografía axial computarizada (TAC), que hoy se utilizan para diagnosticar todo un abanico de dolencias. Hace apenas un siglo era inimaginable obtener una imagen del interior del cuerpo.

Así pues, como ocurre con todos los científicos, mi investigación sobre los efectos de los agujeros negros se apoya en los hombros de los gigantes que me han precedido; figuras de la talla de Albert Einstein, Stephen Hawking, Roger Penrose, Subrahmanyan Chandrasekhar, Jocelyn Bell Burnell, Martin Rees, Roy Kerr y Andrea Ghez, por nombrar solo a algunos. Hoy puedo basarme en las respuestas que ellos dedicaron tanto tiempo y esfuerzo a obtener para plantear mis propias preguntas.

Han hecho falta más de quinientos años de esfuerzos científicos para empezar a hacernos una idea siquiera superficial de qué son los agujeros negros. Solo si nos adentramos en esta historia podremos albergar la esperanza de comprender ese extraño y enigmático fenómeno de nuestro universo del que aún sabemos tan poco: desde el descubrimiento del más pequeño hasta el del más grande; desde la mera posibilidad del primero de ellos hasta el último; y el porqué de que, de entrada, se los denominara *agujeros negros*. Nuestro paseo por la historia de la ciencia nos llevará desde el centro de la Vía Láctea hasta los confines del universo visible, e incluso nos plantearemos la pregunta que ha intrigado a todo el mundo desde hace décadas: ¿qué veríamos si «cayéramos» en un agujero negro?

Personalmente me parece increíble que la ciencia pueda plantearse siquiera responder a preguntas como esta y, a la vez, nos sorprenda con algo novedoso. Y digo esto porque, aunque durante largo tiempo se ha concebido a los agujeros negros como los oscuros corazones de las galaxias, resulta que no son «negros» en absoluto. Con los años, la ciencia nos ha enseñado que los agujeros negros son, de hecho, los objetos más brillantes de todo el universo.

I

¿Por qué brillan las estrellas?

La próxima vez que salgas a disfrutar de una noche despejada, sin nubes que te estropeen las vistas, quédate unos minutos en la puerta de casa con los ojos cerrados: dales tiempo para que se adapten a la oscuridad antes de salir y mirar hacia arriba. Hasta los niños pequeños notan cómo, al apagar la luz de la mesilla antes de dormir, la habitación se sumerge en una oscuridad absoluta; pero si te despiertas en mitad de la noche, puedes volver a ver formas y rasgos aun con la luz más tenue.

Por la misma razón, si de verdad quieres que la visión del cielo nocturno te estremezca, primero permite que tus ojos descansen de las brillantes luces de casa. Deja que se desarrolle tu visión nocturna y no quedarás decepcionado. Solo cuando tus ojos estén listos y predispuestos podrás salir al exterior y cambiar tu perspectiva del mundo. En lugar de mirar hacia abajo, o hacia fuera, mira *hacia arriba*, y observa cómo aparecen miles de estrellas. Cuanto más tiempo permanezcas en la oscuridad, mejor será tu visión nocturna, y más estrellas tachonarán el cielo como diminutos agujeritos de luz.

Al mirar al cielo, puede que veas cosas que reconoces, como esas figuras que forman determinados conjuntos de estrellas a las que llamamos *constelaciones*, como Orión o el Carro.[4] También

---

4. También conocido como la Osa Mayor.

habrá otras que no te resultarán familiares. Pero por el mero hecho de contemplar el cielo y fijarte en el brillo o quizá en la posición de una estrella, te unirás a una lista increíblemente larga de seres humanos de civilizaciones de todo el mundo, remotas y recientes, que han hecho lo mismo y se han sentido impresionados del mismo modo por la belleza del firmamento. Las estrellas y los planetas han desempeñado durante largo tiempo una importante función cultural, religiosa o práctica en las sociedades humanas, a las que han ayudado en cuestiones que van desde la navegación terrestre o marítima hasta el seguimiento de las estaciones que posibilitó los primeros calendarios.

En el mundo moderno hemos perdido esa conexión innata con el cielo nocturno, y muchos de nosotros ni siquiera podemos ver cómo cambian las estrellas con las estaciones ni distinguir los cometas que nos visitan debido a que la omnipresente contaminación lumínica de las ciudades sofoca su brillo. Si tienes la suerte de vivir en un lugar donde se pueden ver las estrellas, quizá te hayas fijado en cómo cambia la posición de la Luna de una noche a otra, o en que una determinada «estrella» especialmente brillante parece vagar por el firmamento con el transcurso de los meses. Los griegos también se fijaron en esas «estrellas errantes», y las llamaron justamente así: *planētai*, de donde procede el término moderno *planeta*.

Pero no todos podemos limitarnos a mirar hacia arriba y disfrutar tal cual de las vistas. Algunos queremos respuestas, una explicación de eso que vemos en el cielo. Tal es la curiosidad natural del ser humano. La propia naturaleza de las estrellas y de su brillo son cuestiones que han asediado a la humanidad durante siglos. En 1584, el filósofo italiano Giordano Bruno fue el primero en postular que las estrellas podían ser soles lejanos, e incluso llegó a sugerir que podrían tener sus propios planetas orbitando a su alrededor. Esta idea, que resultó increíblemente controvertida en su época, se formuló tan solo cuarenta y un años después de que el matemático y filósofo polaco Nicolás Copérnico publicara el postulado, matemáticamente impecable, de que el centro del Sistema Solar era el Sol, y no la Tierra. Copérnico, gran admirador de la simplicidad y la belleza matemática de los círculos, pensó que, si se estructuraba el Sistema Solar con el Sol en el centro y los planetas girando a su alrededor en trayectorias circulares, esa sería la forma matemáticamente más hermosa de organizar las cosas. No es que se lo planteara necesariamente en serio desde una perspectiva astronómica; tan solo disfrutaba de la vertiente geométrica de la idea.

Pero unas décadas después algunos empezaron a respaldar su postulado en el ámbito astronómico, como Bruno y su colega y compatriota Galileo Galilei, a quienes acabaron castigando por esa supuesta herejía contra la doctrina católica. Harían falta los esfuerzos combinados de Tycho Brahe, Johannes Kepler e Isaac Newton a lo largo de más o menos los cien años siguientes para recopilar pruebas abrumadoras en favor de la posición central del Sol en el Sistema Solar, y para que finalmente se aceptara la idea tanto en el ámbito científico como entre la ciudadanía en general tras la publicación de los *Principia* de Newton en 1687. Para empezar, Newton determinó las leyes de la gravedad y los movimientos de los planetas en sus órbitas. La misma fuerza que nos mantiene atrapados en la superficie de la Tierra es la que hace que la Luna orbite nuestro planeta y que este gire alrededor del Sol. Esas órbitas vagamente circulares de los planetas en torno al Sol explican por qué estos parecen moverse hacia atrás noche tras noche en el cielo durante determinadas partes del año, un fenómeno conocido como *retrogradación* o *movimiento retrógrado*. Los planetas más cercanos al Sol parecen retroceder cuando se encuentran al otro lado de nuestra estrella desde nuestra posición (como si

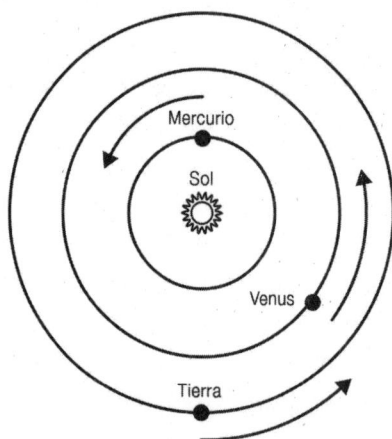

Mercurio en «retrógrado» parece retroceder, pero solo está al otro lado del «circuito de carreras».

fueran coches desplazándose por el lado opuesto de un circuito de carreras circular),[5] mientras que los más alejados parecen hacerlo cuando la Tierra los adelanta al moverse más deprisa en su órbita.

Aunque Bruno se adelantó a su tiempo, su idea de que el Sol era una estrella como las demás, si bien mucho más cercana, no ayudaba a desvelar el origen de su brillo. Sin embargo, el hecho de comprender que el Sol estaba en el centro del Sistema Solar y se regía por las mismas fuerzas que experimentamos aquí en la Tierra despojó al astro rey de su estatus divino, convirtiéndolo en algo de naturaleza más ordinaria en la mentalidad popular. Los físicos del siglo XVIII empezaron a preguntarse si el Sol y las estrellas no podrían obtener su energía de procesos cotidianos como la combustión, llegando

---

5. Deja, pues, de culpar de tus problemas a «Mercurio retrógrado». Mercurio se limita a orbitar felizmente alrededor del Sol como lleva haciendo 4.500 millones de años. La perspectiva terrestre de la posición de objetos rocosos inanimados en el cielo no influye para nada en tu vida.

a plantearse incluso si la quema de carbón podría explicar la cantidad de energía que emitían en forma de luz. Voy a arruinar el suspense: no, no puede. Si el Sol entero estuviera hecho de carbón, al ritmo actual al que produce energía se consumiría en solo 5.000 años.[6] Dado que la historia documentada se remontaba más atrás —hacía más de 4.000 años que se había construido la Gran Pirámide de Guiza—, y que por entonces se creía que la Tierra tenía 6.000 años de antigüedad, esta idea acabó descartándose.

Si el Sol no estaba hecho de carbón, ¿de qué, entonces? Averiguar de qué estaba hecho el Sol se convirtió en uno de los grandes objetivos de los físicos del siglo XIX, pero fue un vidriero bávaro quien hizo los primeros progresos en ese sentido. Joseph Ritter von Fraunhofer vino al mundo en 1787 como el menor de once hermanos de una familia que contaba con varias generaciones de vidrieros. Su historia tiene todas las trazas de una buena película de Disney. Cuando era adolescente se quedó huérfano, y lo enviaron a Múnich como aprendiz de un maestro vidriero que fabricaba espejos decorativos y vidrio para la corte real. Su maestro lo trataba con crueldad, privándole no solo de una educación, sino incluso de una mísera lámpara para que pudiera leer sus preciados libros de ciencia cuando oscurecía. Pero una noche, la casa del maestro se desplomó, sepultando vivo a Joseph en su interior. La noticia tuvo tal repercusión en la ciudad de Múnich que el príncipe de Baviera acudió al lugar de la catástrofe y presenció cómo rescataban vivo a Fraunhofer de entre los escombros. Cuando el príncipe supo de la precaria situación de Joseph, le asignó a un nuevo maestro en el palacio real, que le proporcionó todos

6. Desesperados por resolver este problema, los científicos de la época llegaron a considerar la idea de que los meteoritos que se estrellan contra el Sol podrían aportar depósitos de carbón adicionales para mantenerlo en funcionamiento durante más tiempo.

los libros de matemáticas y de óptica que pudo conseguir. Una historia propia de un auténtico cuento de hadas. Pero la historia no termina ahí. Fraunhofer acabó trabajando en el Instituto de Óptica de la abadía de Benediktbeuern, donde asumió la dirección de toda la fabricación de vidrio, mejorando los métodos de tallado del vidrio extremadamente pulido con el que se confeccionaban las lentes de los telescopios. El problema al que Fraunhofer dedicaba su atención en especial eran las molestas refracciones, o cambios de dirección, que se producían cuando la luz atravesaba el vidrio, dispersando parte de esta en los colores del arcoíris, lo que hacía que sus lentes resultaran imperfectas. Intentaba medir en qué grado se refractaba la luz —es decir, en qué grado cambiaba de dirección— al atravesar diferentes tipos y formas de vidrio. Isaac Newton ya había revelado en el siglo XVII que la luz blanca estaba compuesta por todos los colores del arcoíris, mostrando cómo se produce la refracción al atravesar un prisma: al hacerlo, la luz roja cambia menos de dirección, la luz azul cambia más, y de ese modo se revelan los colores del arcoíris. Si estás pensando en la carátula del álbum de Pink Floyd *The Dark Side of the Moon*, estás en el buen camino.

El problema de Fraunhofer era que los colores del arcoíris no están netamente separados entre sí. La próxima vez que observes un arcoíris en el cielo, comprueba si puedes distinguir dónde acaba el verde y empieza el azul: es imposible saberlo. Los colores se entremezclan, generando algo muy agradable a la vista, pero increíblemente frustrante si estás intentando medir cuánto cambia la dirección de cada color. Así que Fraunhofer empezó a experimentar con distintas fuentes de luz. Observó que, cuando descomponía la luz de una llama producida quemando azufre, había una sección del arcoíris, de un color amarillo anaranjado, que resultaba ser mucho más brillante que el resto. Sintió curiosidad por saber si la luz del Sol también mostraba esa zona amarilla brillante, y modificó su experimento cambiando de forma gradual la trayectoria de la luz para conseguir que el arcoíris cubriera una zona cada vez mayor: básicamente lo que hizo fue «ampliar» el arcoíris para verlo con más detalle. Así inventó el primer espectrógrafo, o espectrómetro, un instrumento que hoy constituye la piedra angular de la astronomía y la astrofísica modernas.

Fraunhofer se sorprendió de lo que vio al utilizar su espectrómetro con la luz del Sol: en lugar de zonas de luz más brillantes, observó que había colores que estaban completamente ausentes; líneas oscuras en el arcoíris, huecos que nadie había detectado antes. Al principio etiquetó las diez secciones oscuras más evidentes, pero más adelante acabó registrando 574 huecos en el arcoíris de la luz del Sol. Si pudiéramos ampliar un arcoíris en el cielo, eso es lo que veríamos siempre.

Intrigado por ese hallazgo, Fraunhofer investigó más a fondo y descubrió que los huecos aparecían también en la luz solar reflejada en la Luna y los planetas, así como en los objetos de la Tierra. Aun así, no estaba seguro de si aquellos huecos constituían una propiedad real de la luz del Sol o se producían cuando esta atravesaba la atmósfera terrestre. De modo que utilizó su espectrómetro para observar la luz de otras estrellas, como la brillante Sirio, la «estrella perro»[7] situada cerca de la constelación de Orión (se supone que Orión se parece a un cazador, con una constelación más pequeña a su lado que sería su perro de caza, de la que Sirio es la estrella más brillante). Fraunhofer observó que los huecos también se repetían en la luz de Sirio, pero estaban en lugares completamente distintos, formando un patrón diferente al de la luz solar. Y llegó a la conclusión de que no era la atmósfera de la Tierra la causante de los huecos, sino algo que residía en la propia naturaleza de las estrellas.

7. Para los forofos de *Harry Potter*: sí, de ahí viene el nombre de Sirius Black.

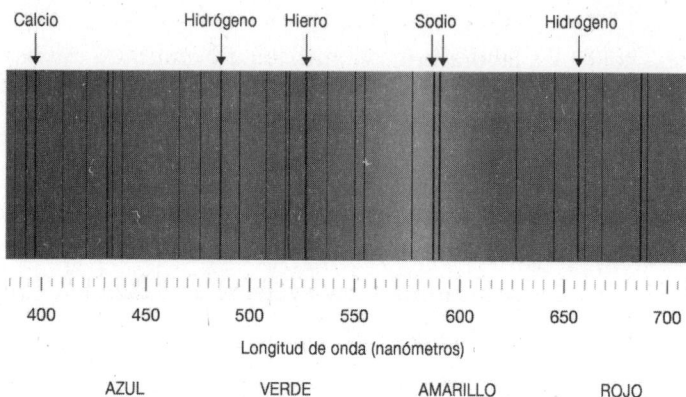

| Calcio | Hidrógeno | Hierro | Sodio | Hidrógeno |

400 450 500 550 600 650 700

Longitud de onda (nanómetros)

AZUL VERDE AMARILLO ROJO

El arcoíris del Sol generado por un espectrómetro, donde se aprecia el patrón de colores ausentes que detectó Fraunhofer. Con el tiempo, Bunsen y Kirchoff demostrarían que se debía a la presencia de determinados elementos en el Sol que absorbían dichos colores, revelando así la composición de este.

Con este descubrimiento, realizado en 1814, Fraunhofer básicamente dio el pistoletazo de salida a la astrofísica moderna tal como la conocemos, y después de eso vivió feliz hasta el final de sus días. O al menos así acabaría la película de Disney sobre su vida. En realidad murió de tuberculosis en 1826, con solo treinta y nueve años. Los hornos de vidrio con los que había estado trabajando contenían óxido de plomo, una sustancia tóxica que muy probablemente contribuyó a su muerte.

La prematura desaparición de Fraunhofer le impidió ver cómo unas décadas después, en 1859, el físico alemán Gustav Kirchoff y su compatriota el químico Robert Bunsen explicaban el origen de los huecos observados en el arcoíris de la luz del Sol. Kirchoff y Bunsen no se habían propuesto explicar lo que había visto Fraunhofer; estaban investigando otra cosa distinta y utilizaban para ello un nuevo invento de Bunsen, que producía una llama muy caliente y sin hollín que además no tenía un brillo cegador, ideal para su uso en el laboratorio. Hoy en día, todos los laboratorios científicos del mundo tienen uno de esos aparatos, desde los institutos de investigación de alta tecnología hasta las aulas de química de las escuelas: se trata del conocido mechero Bunsen.

Con su mechero, Kirchoff y Bunsen quemaban diferentes elementos y registraban el color de la luz emitida por la llama. Utilizaban incluso una nueva versión actualizada del espectrómetro de Fraunhofer para descomponer dicha luz en sus diversos colores. Descubrieron que cada elemento ardía con una llama de un color muy específico, es decir, que emitía una luz de una longitud de onda concreta. Por ejemplo, el sodio arde con una llama de un color amarillo brillante que corresponde a una longitud de onda de exactamente 589 nanómetros (0,000000589 m): el color de esas farolas amarillas de aspecto anticuado que utilizan bombillas de vapor de sodio. Kirchoff observó que uno de los huecos del arcoíris de la luz del Sol que había estudiado Fraunhofer también correspondía exactamente a una longitud de onda de 589 nanómetros. ¿Era posible que el sodio estuviera presente en el Sol, pero, en lugar de emitir luz de ese color, la absorbiera?

Kirchoff y Bunsen cotejaron entonces todas las longitudes de onda emitidas por los elementos que habían clasificado en su laboratorio con las que había registrado Fraunhofer, y encontraron un montón de coincidencias, lo que hacía pensar que el Sol contenía sodio, oxígeno, carbono, magnesio, calcio, hidrógeno y muchos otros elementos. Esto básicamente venía a confirmar que el Sol estaba hecho de los mismos elementos que encontramos en la Tierra. En honor a su predecesor, Kirchoff y Bunsen denominaron *líneas de Fraunhofer* a los huecos observables en el arcoíris de la luz del Sol.

De modo que en 1859 se resolvió una primera cuestión: de qué estaba hecho el Sol. Pero todavía quedaba el problema de cómo obtenía este su energía a partir de los mismos elementos que integraban la Tierra. Hay un maravilloso artículo publicado en agosto de 1863 en *Scientific American* bajo el título de «Los expertos dudan de que el Sol esté realmente quemando carbón», en el que se afirma:

> El Sol, con toda probabilidad, no es un cuerpo ardiente, sino incandescente. Su luz es más propia de un radiante metal fundido que de un horno de combustión.

En otras palabras: es parecido a la Tierra, pero por alguna razón está mucho más caliente, hasta el punto de brillar.

El artículo se basaba en los trabajos del físico británico William Thompson —a quien más tarde se conocería como Lord Kelvin tras ser el primer científico incorporado a la Cámara de los Lores (el kelvin, la unidad científica de temperatura, se llama así en su honor)— y el físico alemán Hermann von Helmholtz. Kelvin y Helmholtz, auténticos gigantes en el mundo de la termodinámica, fueron los precursores de nuestra concepción actual del calor y la temperatura. En 1856, Helmholtz publicó su teoría de que el Sol generaba calor porque estaba siendo «estrujado» por la gravedad, convirtiendo básicamente enormes cantidades de energía de ese aplastamiento gravitatorio hacia dentro en energía cinética, que hace que los átomos (los componentes de todos los elementos) se muevan más deprisa, calentando así el Sol y haciéndolo brillar como un trozo de metal caliente o vidrio fundido.

En 1863, Kelvin, basándose en la idea de Helmholtz, calculó que de esa forma el Sol podría autoabastecerse de energía durante al menos 20 millones de años, mucho más que los supuestos 6.000 años de antigüedad de la Tierra que habían frustrado la hipótesis de que «el Sol se alimenta de carbón». Ese mismo año, Kelvin también aplicó las nociones de la transferencia de calor a la Tierra para calcular su edad, partiendo del supuesto de que en el pasado el planeta estuvo fundido, ardiente y en estado líquido, y que desde entonces se ha estado enfriando lo suficiente para darnos una sólida corteza de roca sobre la que apoyarnos. Kelvin calculó que la Tierra también debía de tener unos 20 millones de años.[8] La similitud de las dos estimaciones de Kelvin, la edad del Sol y la de la Tierra, se interpretó como un acierto. Si la Tierra y el Sol se formaron al mismo tiempo, a partir de la misma mezcla de elementos, eso explicaría por fin la similitud de elementos que ambos compartían y a la vez resolvería la cuestión del origen de la energía del Sol.

Los físicos, pues, estaban encantados; pero no así los biólogos ni los geólogos, ni de lejos. Y ello porque en 1859, unos pocos años antes de que Kelvin hiciera sus cálculos sobre la edad de la Tierra, un biólogo llamado Charles Darwin había publicado su libro *El origen de las especies*, donde explicaba con detalle su nueva teoría de la evolución. En él afirmaba que toda la vida de la Tierra había evolucionado a partir de un ancestro común y se había ramificado luego mediante sucesivas mutaciones motivadas por la selección natural (lo que Herbert Spencer denominaría *supervivencia de los más aptos* unos años después). En la década de 1870, la mayoría del mundo científico —y de aquella parte de la ciudadanía que le prestaba atención— había aceptado la idea de la evolución. Solo había un problema: este proceso evolutivo llevaba tiempo, muchísimo tiempo. El propio Darwin, en su edición de 1872 de *El origen de las especies*, observaba que los 20 millones de años que Kelvin atribuía a la Tierra no eran tiempo suficiente para que se pro-

8. Esta cifra está *muy* lejos de la estimación actual de la edad de la Tierra: unos 4.500 millones de años. Kelvin no sabía que había que tener en cuenta el calor desprendido por la desintegración radiactiva en el núcleo de la Tierra, ya que aún no se había descubierto la radiactividad.

dujera la evolución. Esta requiere miles de millones de años, no solo millones.

Al mismo tiempo, los geólogos intentaban calcular la edad de la Tierra con sus propios métodos, ya fuera determinando el ritmo al que las rocas se forman y depositan sedimentos, o examinando la acumulación de sal en los océanos. Debemos esta última idea al geólogo y físico irlandés John Joly, que en 1899 razonó que la sal procedente de las rocas (cloruro de sodio) se disuelve en los ríos, que luego desembocan en el mar. Si los océanos de la Tierra se formaron originariamente sin sal, a partir de la velocidad a la que esta fluye por los ríos se puede calcular el tiempo que habría tardado en acumularse hasta alcanzar las concentraciones que en la actualidad medimos en el mar y, por lo tanto, obtener una estimación de la edad de la Tierra. Por si te lo estás preguntando, Joly calculó que el océano contiene 14.151 billones de toneladas de sodio, mientras que en los ríos hay 24.106 toneladas de sodio por milla cúbica de agua (unas 5.783 por kilómetro cúbico). También estimó que el volumen total de agua que los ríos vierten al océano es de 6.524 millas cúbicas al año (unos 27.193 kilómetros cúbicos). Haciendo los cálculos, la estimación resultante es que la acumulación de sal en el océano requirió casi 90 millones de años.[9]

Esta cifra se acercaba más a lo que esperaban los biólogos. Y aunque aún estaba lejos de los miles de millones de años que habrían dado el espaldarazo a la teoría darwiniana de la evolución, asestó un golpe mortal a las estimaciones de Kelvin sobre la edad del Sol. En 1895 se inició otro gran avance en ese senti-

9. $14.151.000.000.000.000 / (24.106 \times 6.524) = 89.980.422$ años. Vale la pena señalar que este cálculo da una respuesta errónea debido a que parte de varios supuestos incorrectos. Por un lado, la velocidad a la que fluye la sal por los ríos no se mantiene constante en el tiempo; por otro, los océanos llevan mucho tiempo en un estado de salinidad estable: las rocas del lecho oceánico absorben las sales con la misma rapidez con la que las vierten los ríos.

do, cuando el físico francés Henri Becquerel descubrió que los átomos de uranio eran inestables y con el tiempo se transformaban espontáneamente en elementos más estables, emitiendo radiación en el proceso. Una alumna suya de doctorado, la física y química franco-polaca Maria Skłodowska-Curie, más conocida como Marie Curie, decidió investigar aquella radiación para su tesis doctoral, empleando una herramienta que había inventado quince años antes su marido, Pierre Curie (que por entonces estudiaba los cristales), para medir la carga eléctrica. Descubrió que la radiación emitida por los átomos de uranio hacía que el aire en torno a ellos condujera la electricidad, y formuló la hipótesis de que dicha radiación debía de proceder de los propios átomos, y no de una interacción con las moléculas de aire.

Tras el nacimiento de su hija Irène en 1897, Curie se dedicó a buscar más elementos inestables, descubrió el torio y comprobó que emitía el cuádruple de radiación que el uranio. En 1898, su marido Pierre había abandonado sus propios trabajos sobre los cristales para unirse a Marie en sus investigaciones, mucho más interesantes, sobre aquella radiación desconocida. A finales de aquel mismo año ambos anunciaron el descubrimiento de otros dos elementos inestables, que bautizaron como *polonio* (en honor a Polonia, la tierra natal de Marie) y *radio* (derivado del latín *radius*, 'rayo'); a partir de este último acuñaron los términos *radiactividad* y *radiactivo*. En 1903, Marie y Pierre Curie recibieron el Premio Nobel de Física, junto con Henri Becquerel, por el descubrimiento y la descripción de la radiactividad.[10]

---

10. Inicialmente solo iba a otorgarse el premio a Pierre Curie y Henri Becquerel, pero un miembro del comité del Nobel, el matemático sueco Magnus Gösta Mittag-Leffler, alertó de la situación a Pierre, que se apresuró a quejarse de ello, y el nombre de Marie Curie fue apropiadamente añadido a los galardonados. Una lección para todos acerca de cómo ser un buen aliado.

La clave del descubrimiento de la radiactividad estriba en que se constata que la transformación de los elementos inestables, su «desintegración», se produce a un ritmo constante. Por lo tanto, si se puede medir la cantidad del elemento inestable original y compararla con la del elemento estable en el que se desintegra, se podrá calcular durante cuánto tiempo ha estado haciéndolo. Este tremendo avance revolucionó la geología. En 1907 se utilizó el método de «datación radiactiva» con las rocas de la Tierra y el resultado sugería que nuestro planeta (y, en consecuencia, el Sol en torno al que orbita) tenía al menos unos cuantos miles de millones de años.[11]

Por fin un valor que tenía sentido para todos los biólogos, convencidos desde hacía tiempo de la veracidad de la teoría darwiniana de la evolución. Ese mismo valor, sin embargo, vino a dar más quebraderos de cabeza a los físicos que intentaban determinar a qué se debía el brillo del Sol, y que acabaron desechando definitivamente las ideas de Kelvin. Aunque la radiactividad produce calor, y es suficiente para explicar el que desprende la Tierra, no lo es, ni de lejos, para poder considerarla la única fuente de energía del Sol. Así pues, a principios del siglo XX teníamos una buena aproximación de la edad del Sol (sabíamos que al menos era tan antiguo como la Tierra), pero no teníamos ni idea de cómo era posible que llevara tanto tiempo brillando y siguiera haciéndolo.

Aquí entra otro personaje en escena: el físico alemán Albert Einstein. Probablemente la figura de Einstein sea, junto con la de Stephen Hawking, una de las que más asociamos a los agujeros negros. Quizá pueda considerársele incluso el «abuelo» de estos, ya que sus teorías marcaron el inicio de varias décadas de investigación sobre la naturaleza de la gravedad, el espacio

11. Las mediciones de datación radiactiva más modernas estiman que la Tierra tiene 4.550 millones de años (con un margen de error de unos 50 millones de años, alrededor de un 1%).

y el tiempo. Pero en esta parte de nuestra historia solo necesitamos su ecuación más famosa (y posiblemente la más famosa de *toda* la historia), formulada en 1905: $E = mc^2$, donde E es la energía, m la masa, y c la velocidad de la luz: 299.792.458 metros por segundo. Esto implica que la masa y la energía son *equivalentes*: son en esencia una misma cosa y están intrínsecamente ligadas. Por lo tanto, la masa puede convertirse en energía.[12] Por fin había algo que podía explicar de dónde procedían las enormes cantidades de energía generadas en el Sol durante miles de millones de años: el Sol estaba convirtiendo su enorme masa directamente en energía. Pero ¿cómo?

La primera pista la dio en 1919 el físico francés Jean Baptiste Perrin, que en 1926 obtendría el Premio Nobel de Física por demostrar que los átomos podían unirse para formar moléculas (por ejemplo, la molécula de oxígeno, O_2, está formada por dos átomos de oxígeno unidos). En su investigación sobre los átomos y las moléculas, descubrió que un átomo de helio, con cuatro partículas, pesa *menos* que la masa total de cuatro núcleos de hidrógeno, con una partícula cada uno. La diferencia de masa era ínfima, de solo un 0,07 %; pero, dada $E = mc^2$, una masa ínfima puede convertirse en una enorme cantidad de energía. Consciente de la importancia de lo que había descubierto, Perrin[13] sugirió que eso podría ser lo que proporcionaba su energía al Sol. Si se unieran cuatro átomos de hidrógeno para formar helio, la masa sobrante podría convertirse en energía emitida en forma de luz. El problema era que Perrin no disponía de un modelo físico que explicara cómo se producía de hecho esta unión, habida cuenta de que los núcleos centrales

12. Lo que también explica por qué se produce radiación cuando un elemento inestable más pesado se desintegra radiactivamente en uno estable más ligero.

13. Para mis colegas forofos de *La rueda del tiempo*: no, yo tampoco puedo leer este párrafo sin soltar una risita y acordarme de Perrin Aybara, el herrero, «hermano lobo» y físico nuclear.

de los átomos de hidrógeno estaban cargados positivamente y se repelerían con una fuerza enorme (todos los átomos tienen un núcleo central con partículas con carga positiva, en torno al cual orbitan otras partículas más pequeñas con carga negativa, conocidas como *electrones*).

Haría falta la tenacidad que mostró el físico inglés Arthur Eddington en 1920 para convencer al mundo de que, si había algún lugar donde podía producirse ese proceso de *fusión* de cuatro núcleos de hidrógeno para formar helio, tenía que ser en las estrellas. Por entonces Eddington ya era una figura conocida tras escribir una serie de artículos explicando al mundo anglosajón la novedosa teoría de la relatividad general de Einstein (volveremos a ello más adelante). Sin embargo, sus propias investigaciones se centraban en la naturaleza de las estrellas y, en 1920, razonó dos cosas: en primer lugar, empleando los mismos métodos que el propio Lord Kelvin, dedujo que la temperatura del centro de las estrellas sería de unos 10 millones de grados Celsius, y que a esa temperatura todo lo que sabemos sobre la interacción entre los núcleos y las fuerzas de repulsión que mantienen separados los núcleos de hidrógeno cargados positivamente podría venirse abajo; y en segundo término, que, para producir la energía suficiente para mantener el Sol ardiendo durante los miles de millones de años que la Tierra llevaba de existencia, bastaba con que solo un 5% de su masa fuera hidrógeno. Esos postulados se revelaron correctos en las décadas siguientes y contribuyeron a que Eddington se convirtiera en lo que yo llamo un GNF, uno de los Grandes Nombres de la Física.

En 1925, una astrónoma estadounidense de origen británico llamada Cecilia Payne-Gaposchkin publicó su tesis doctoral. Sus investigaciones demostraban que los huecos que había observado Fraunhofer en el arcoíris de la luz del Sol implicaban que su contenido de hidrógeno superaba en un millón de veces al de cualquier otro elemento. El hidrógeno del Sol representaba, pues, mucho más que el 5% de su masa. La última pieza del rompecabezas llegó en 1928, cuando el físico ruso-estadounidense George Gamow hizo los pertinentes cálculos matemáticos y vio que había una ínfima probabilidad de que un núcleo de hidrógeno burlara la repulsión eléctrica entre él y otro núcleo de hidrógeno para que ambos se fusionaran. De acuerdo, puede que esa probabilidad sea ínfima, pero lo importante aquí es que *no es cero*. Por lo tanto, si tienes la suficiente cantidad de hidrógeno apretujada en un sitio, como el Sol, teóricamente esta omisión de la repulsión puede darse el suficiente número de veces como para producir energía bastante para hacerlo brillar.

Por fin se había resuelto el problema. El hidrógeno era el combustible del Sol y de todas las estrellas del firmamento: era la fusión nuclear lo que las hacía brillar. No puedo evitar preguntarme qué parte de esta historia habríamos llegado a saber siquiera si no pudiésemos ver las estrellas. ¿Habríamos llegado a plantearnos preguntas como «por qué brillan las estrellas»? ¿Habríamos llegado a comprender qué es el Sol realmente? Quizá si la Tierra se hallara en órbita alrededor de dos estrellas, de modo que ambos lados del planeta estuvieran siempre iluminados, habríamos tenido un día interminable y nunca habríamos visto el cielo nocturno. ¿Qué preguntas no se nos había ocurrido plantearnos jamás? ¿Qué avances en el conocimiento y la tecnología se nos habrían escapado?

Creo que los humanos debemos mucho a la curiosidad que nos despierta observar el cielo nocturno. Y no menos a nuestro conocimiento de mis objetos favoritos: los agujeros negros. Porque, una vez descubrimos cómo brillan las estrellas, eso nos llevó inevitablemente a plantearnos otra pregunta: ¿y qué pasa cuando se acaba el combustible?; ¿qué ocurre cuando una estrella muere? Y es esta sencilla cuestión la que nos lleva finalmente a un agujero negro.

2

Vive deprisa, muere joven

En el año 1054 de nuestra era, una estrella de la constelación de Tauro (que los griegos llamaron así por su aparente semejanza con un toro)[14] empezó a brillar con un fulgor espectacular, hasta el punto de que incluso podía verse durante el día, cuando el Sol eclipsa al resto de estrellas. Los astrónomos chinos se referían a estas estrellas de brillo extraordinario como *kèxīng* (客星) —'estrellas invitadas'—, y registraban meticulosamente su aparición. En este caso observaron que la estrella invitada de 1054 fue visible durante otras 642 noches en el firmamento (¡unos veintiún meses!), antes de desvanecerse por completo.

Hoy, casi mil años después, si observáramos con un telescopio esa misma posición en el cielo, en la constelación de Tauro, veríamos algo radicalmente distinto de una estrella: veríamos una nebulosa. Un torbellino de gas y polvo iluminado desde el centro por los rescoldos incandescentes de una estrella demasiado tenue para verla a simple vista. Se trata de los restos de una estrella muerta, un astro que agotó su combustible de hidrógeno, y, mientras intentaba desesperadamente evitar lo inevitable, eclipsó a todas las demás estrellas del cielo durante aquellos

---

14. Aunque los mismos griegos pensaron también que una W se asemejaba a una mujer sentada en un trono, por lo que dieron a otra constelación el nombre de la reina Casiopea.

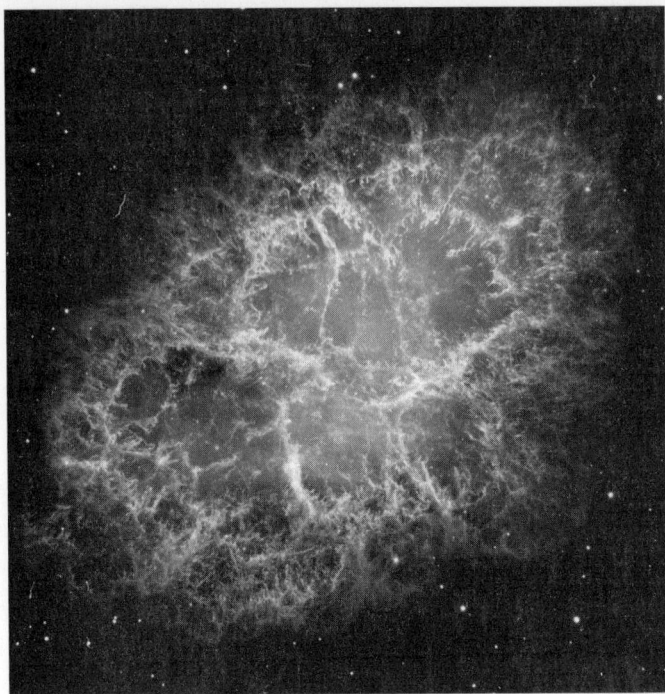

La nebulosa del Cangrejo, los restos de la supernova SN 1054.

cortos meses, antes de dejar tras de sí una sombra de lo que fue. Esta fantasmagórica escena, a la que hoy denominamos *nebulosa del Cangrejo*, representa un auténtico hito en la historia del conocimiento de la humanidad sobre la muerte de las estrellas, y de nuestra constatación de la existencia de los agujeros negros.

Aunque la nebulosa del Cangrejo no es uno de los objetos más brillantes en lo que respecta a la luz visible —la que pueden ver nuestros ojos—, sí es uno de los más brillantes emisores de otro tipo de luz, de una energía increíblemente alta, conocida como *rayos gamma*. La luz tiene diferentes características, que vienen determinadas por la cantidad de energía que posee la onda luminosa. En la luz visible (también conocida como

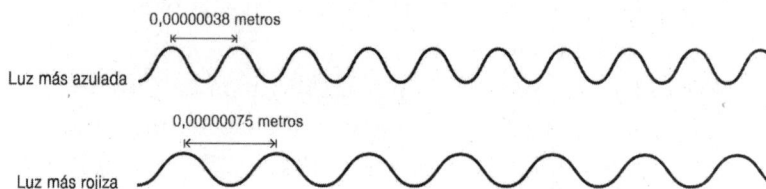

0,00000038 metros

Luz más azulada

0,00000075 metros

Luz más rojiza

Las diferentes longitudes de onda de la luz roja y azul.

luz óptica), los diversos colores que perciben nuestros ojos responden a diferentes longitudes de onda: los colores azules son más energéticos, de modo que nos llegan más ondas por segundo, mientras que los rojos lo son menos y, por lo tanto, nos llegan menos ondas por segundo. El número de ondas que llegan cada segundo se mide en forma de frecuencia, o también como la distancia que separa los picos de dos ondas sucesivas, que es lo que se conoce como *longitud de onda*.

Nuestros ojos únicamente pueden detectar aquellos colores cuyas ondas exhiben una distancia de separación de solo 0,00000038 metros en el caso de la luz azul y 0,00000075 metros en el de la luz roja (lo que representa una gama de frecuencias de entre 790 y 400 billones de ondas por segundo). La luz «blanca», como la de una linterna o la del propio Sol, es una mezcla de todos los colores, tal como revela hermosamente el arcoíris. Cuando la luz del Sol atraviesa las gotas de agua que flotan en el aire, se descompone en los colores que la forman para nuestro asombro y admiración. Pero lo maravilloso de contemplar un arcoíris es ser consciente de que apenas vemos una parte de él: hay colores más allá del rojo de la zona superior y del azul de la zona inferior, pero nuestros ojos no pueden verlos. El Sol no emite solo luz visible, sino de todas las longitudes de onda, desde la luz menos energética y más perezosa, con enormes distancias kilométricas entre sus picos de onda, hasta la más energética, con diminutas separaciones entre sus picos de onda de apenas el grosor de un átomo.

A grandes rasgos, clasificamos las distintas longitudes de onda de la luz en siete categorías. Son, de mayor a menor longitud de onda: ondas de radio, microondas, infrarrojo, luz visible, ultravioleta, rayos X y rayos gamma. Toda esta gama de distintas longitudes de onda constituye el verdadero espectro completo de la luz, toda la extensión del arcoíris, del que apenas percibimos un pequeño atisbo. Aunque no seamos capaces de ver la luz de la mayor parte de estas longitudes de onda, eso no nos ha impedido explotarlas en nuestro beneficio, con usos que van desde las ondas de radio para comunicarnos hasta las microondas para cocinar nuestros alimentos, pasando por los infrarrojos de los mandos a distancia, los rayos ultravioleta para matar bacterias, los rayos X para echar un vistazo al interior de nuestro cuerpo, o los rayos gamma empleados en radioterapia para combatir el cáncer.

Sin embargo, cuanto más energética es la luz, más peligrosa resulta para la vida en la Tierra. Por fortuna, la atmósfera terrestre filtra la mayoría de las longitudes de onda de la luz producida por el Sol. La luz ultravioleta de mayor energía la absorben los átomos de oxígeno de la atmósfera, generando la que conocemos como *capa de ozono*. De manera similar, los átomos de oxígeno y nitrógeno absorben todos los rayos X y rayos gamma, mientras que la humedad de la atmósfera absorbe las microondas. La única luz que llega al suelo es la visible, una parte de la ultravioleta (de ahí las quemaduras en la piel), y ondas de radio que son inofensivas. El Sol brilla 10 millones de veces más en luz visible que en ondas de radio, por lo que no es de extrañar que los ojos humanos evolucionaran para ver el tipo más brillante de luz solar, que de hecho es la que llega al suelo. Tal vez en otro planeta, con un tipo de atmósfera distinto, nuestros ojos serían capaces de detectar una parte por completo distinta del espectro luminoso, con colores absolutamente nuevos que aquí ni siquiera tenemos la esperanza de visualizar.

Como astrónomos, sin embargo, ya no estamos limitados por la limitada sensibilidad del ojo humano. Hemos «evolucionado» un paso más, desarrollando detectores sensibles a distintos tipos de luz. El problema ahora es la molesta atmósfera terrestre, que, si bien protege la vida de las radiaciones nocivas, también obstaculiza la detección de rayos X procedentes de la inmensidad del espacio. Así que atamos nuestros detectores de rayos X a telescopios y los lanzamos en órbita alrededor de la Tierra, más allá de la atmósfera que bloquea nuestra visión. Con esos telescopios hemos podido abrir los ojos para ver los diminutos puntitos de luz que tachonan el firmamento de los infrarrojos, los rayos X y los rayos gamma, que durante tanto tiempo se habían ocultado fuera de nuestro alcance. Como la nebulosa del Cangrejo, que puede que en 1054 eclipsara al Sol en el espectro de la luz visible, pero que ahora eclipsa no solo al Sol, sino a casi todos los demás objetos celestes en el de los rayos gamma.

Son los diversos colores y tipos de luz que nos llegan de las estrellas los que nos permiten determinar lo calientes que están, de qué tipo son y qué les ocurrirá cuando mueran. Hay algunas estrellas, como Betelgeuse, en la constelación de Orión, que aparecen de un color ligeramente rojizo; esto se puede observar a simple vista cuando el cielo está oscuro, pero resulta aún más evidente si se hace una foto (incluso una toma de diez segundos en el «modo nocturno» del que disponen la mayoría de los teléfonos inteligentes nos lo revelará si no llegamos a verlo con nuestros propios ojos). De manera similar, otras estrellas, como Sirio, presentan un color azulado.

Así pues, basándose en la luz de las estrellas, los astrónomos decidieron hacer lo que hacen todos los buenos científicos y clasificarlas. Con un sistema. Del mismo modo que los biólogos tienen su clasificación del reino animal y los químicos, su tabla periódica, los astrónomos tienen su sistema de clasificación estelar. Y fue Fraunhofer, con la invención de su espectrómetro, quien lo hizo posible: descomponer la luz de una estrella en su arcoíris revelaba los huecos donde no la había, la firma oculta que delataba de qué estaba hecha esa estrella, puesto que, como señalaba el propio Fraunhofer, no todas las estrellas exhibían el mismo patrón de colores ausentes que el Sol.

Sería esta misma observación la que permitiría al astrónomo italiano Angelo Secchi clasificar por primera vez las estrellas en tres grandes categorías. En 1863, Secchi empezó a registrar los espectros luminosos de distintas estrellas, tal como había hecho Fraunhofer con el Sol, y llegó a reunir y analizar más de 4.000. Descubrió que, aunque los patrones de colores ausentes variaban un poco de una estrella a otra, podían clasificarse a grandes rasgos en tres grupos, que denominó simplemente I, II y III utilizando números romanos (aunque al final acabó añadiendo otras dos clases de estrellas, más raras, a su esquema: la IV en 1868 y la V en 1877). Para Secchi, el Sol es una estrella de tipo II, lo que significa que en su espectro faltan muchos colores. Hoy sabemos que la ausencia de esos colores se debe a que el Sol tiene un montón de elementos pesados, como carbono, magnesio, calcio y hierro, que absorben la luz de las correspondientes longitudes de onda; es lo que llamamos *líneas metálicas*: los astrónomos clasifican como *metal* cualquier elemento más pesado que el hidrógeno, para disgusto de todos los químicos.

Secchi no fue el único científico interesado en clasificar las estrellas en función de su luz. En la década de 1880, el astrónomo estadounidense Edward Pickering, director del Observatorio del Harvard College, también centró su atención en la clasificación estelar. Pickering reunió y analizó más de 10.000 espectros de estrellas. Pero no lo hizo solo: para ello contó con la ayuda de las «computadoras de Harvard». Hoy usamos el término *computadora* como sinónimo de *ordenador*, para referirnos a una máquina; en la época de Pickering, en cambio, las computadoras eran humanas: personas que «computaban», en la acepción literal de 'calcular'. Se contrataba a equipos de personas para realizar tareas repetitivas y tediosas, y cálculos matemáticos tremendamente complejos. Las computadoras eran casi siempre mujeres, que descubrían cosas en los datos que debían procesar o extraían información que con anterioridad se había pasado por alto.[15] En el Observatorio del Harvard College, los hombres realizaban el trabajo manual de mover el telescopio y grabar las imágenes en grandes placas fotográficas, mientras las mujeres se encargaban de la tediosa y repetitiva labor de catalogar el brillo o espectro de cada estrella. Según los estándares actuales, los hombres se ocupaban de la astronomía, y las mujeres de la astrofísica.

La computadora de Harvard Williamina Fleming realizó la mayor parte de la clasificación de los 10.000 espectros estelares de Pickering (descubriendo de paso diez nuevas «estrellas invitadas») y, asimismo, ambos revisaron conjuntamente el sistema de Secchi con el fin de obtener clases más específicas. Para ello dividieron sus cinco clases generales (I-V) en subclases utilizando las letras A-Q, lo que daba un total de diecisiete tipos diferentes de estrellas. A medida que se avanzaba en el alfabeto, disminuía la cantidad de absorción del hidrógeno. Su trabajo, publicado en 1890, pasaría a conocerse como «Catálogo Draper de espectros estelares» debido a que fue financiado por

15. Recomiendo encarecidamente ver la película de 2017 *Figuras ocultas*, que celebra el trabajo de las «computadoras» negras de la NASA durante la carrera espacial y las misiones Apolo, en particular de tres de ellas: Katherine Johnson, Dorothy Vaughan y Mary Jackson.

Mary Anna Palmer Draper, viuda del médico estadounidense y entusiasta astrónomo aficionado Henry Draper.

Otras personas juzgaron como excesivamente complejo este método de clasificación estelar, en especial otra computadora de Harvard llamada Annie Jump Cannon. En 1890, el Observatorio del Harvard College dejó de estudiar en exclusiva las estrellas del cielo boreal, el firmamento del hemisferio norte, y construyó un observatorio en Arequipa (Perú) para recabar datos de las estrellas, mucho más numerosas, que pueblan el cielo austral, el firmamento del hemisferio sur. Entonces encomendaron a Cannon la tarea de clasificar todas las estrellas del cielo austral hasta una determinada luminosidad para publicar una versión revisada del Catálogo Draper. Al hacerlo, también simplificó el sistema de clasificación, manteniendo el orden alfabético, pero usando únicamente las letras A, B, F, G, K, M y O. Cannon se dio cuenta de que la mayoría de las estrellas eran una mezcla de dos tipos (por ejemplo: un punto intermedio entre los tipos A y B); de modo que, en lugar de emplear diecisiete tipos individuales, añadió un número del 0 al 9 para especificar si la estrella se hallaba entre dos tipos distintos (por ejemplo: una estrella A5). En el sistema de Cannon, el Sol es una estrella G2; a Sirio, con su color azulado, le corresponde el tipo A1; y Betelgeuse, con su color rojizo, es una M2.

Pickering y Cannon publicaron por primera vez este sistema en 1901, pero el trabajo no terminó ahí. El Catálogo Draper aún no estaba completo y quedaban muchas más estrellas en el cielo por clasificar. El catálogo completo de 225.300 estrellas se publicó en varios volúmenes entre 1918 y 1924; mientras trabajaron en ello, Cannon y sus colegas computadoras del observatorio clasificaron los espectros de más de 5.000 estrellas *al mes* empleando su sistema.

Así pues, a principios del siglo XX, los astrónomos ya disponían de un sistema para *clasificar* las estrellas; pero llegar a comprender *por qué* se las podía catalogar de ese modo llevaría algo más de tiempo. ¿Qué hacía diferentes los espectros de las estrellas? ¿Qué las hacía brillar con colores ligeramente distintos? En 1911, durante la elaboración del Catálogo Draper, el químico y astrónomo danés Ejnar Hertzsprung calculó la distancia a la que se encontraban algunas de las estrellas incluidas. Una vez obtenida, pudo calcular su brillo real, o absoluto, que es distinto de su brillo aparente en la Tierra, y observó que aquel era proporcional a la cantidad de luz ausente en las líneas

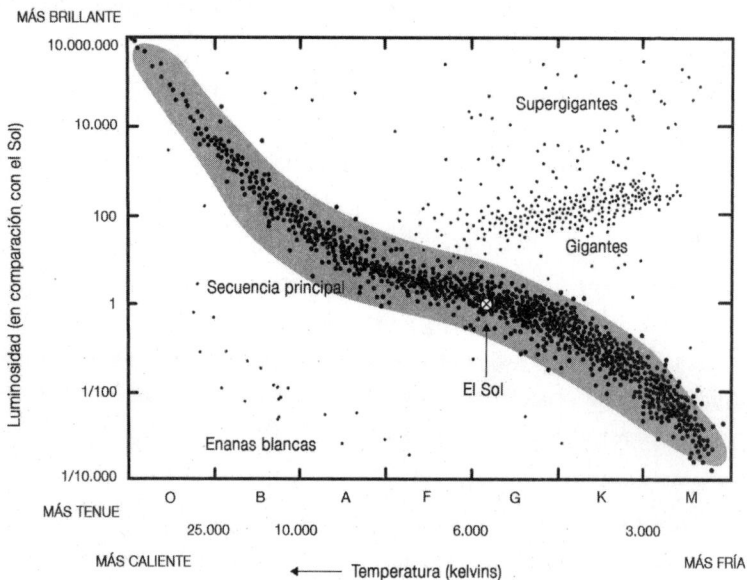

Diagrama de Hertzsprung-Russell de las estrellas cercanas. La «secuencia principal» de estrellas corresponde a la correlación originariamente observada por Hertzsprung y Russell, y es donde se encuentran las estrellas normales que fusionan hidrógeno. El eje de la temperatura está invertido porque en un primer momento se trazó de menor a mayor absorción. Como ocurre con la mayoría de las cosas en astronomía: si al principio no tiene sentido, sin duda se trata de algo histórico.

de absorción (la longitud de onda o color absorbido no desaparece por completo, pero es muy tenue en comparación con la cantidad total de luz que llega de la estrella). Hertzsprung reflejó esto en un gráfico que mostraba la correlación entre ambos valores. En 1913, el astrónomo estadounidense Henry Russell recopiló más mediciones de distancias de las estrellas, lo que le permitió calcular más brillos absolutos y revisar el diagrama de Hertzsprung, resaltando una vez más la correlación entre el brillo y la intensidad de la línea de absorción. Era evidente que el brillo de las estrellas guardaba una relación con la cantidad de absorción del espectro, pero ¿cuál era ese vínculo?

Para averiguarlo, volvamos a los trabajos de Cecilia Payne-Gaposchkin (si lo recuerdas del capítulo anterior, la astrónoma que en 1925 demostró en su tesis doctoral que el Sol estaba compuesto en su mayor parte de hidrógeno). El hecho de que Edward Pickering reclutara a sus computadoras en el Observatorio del Harvard College y les permitiera publicar sus trabajos con su propio nombre (algo poco común en aquella época) allanó el camino para que muchas otras mujeres se dedicaran a la astronomía. Tras la muerte de Pickering en 1919, el astrónomo estadounidense Harlow Shapley se convirtió en el nuevo director del Observatorio. Shapley creó un programa de posgrado de astronomía para mujeres en su institución, en colaboración con el cercano Radcliffe College, una universidad femenina.

A Payne-Gaposchkin no la contrataron como computadora: se matriculó como estudiante de posgrado, y posteriormente se convirtió en la primera persona en obtener un doctorado en astronomía en el Radcliffe College de la Universidad de Harvard.[16] Al estudiar su doctorado, Payne descubrió el vínculo

16. En 1956, Payne-Gaposchkin también se convirtió en la primera mujer en obtener el título de profesora numeraria en Harvard, donde llegó a ocupar la cátedra del Departamento de Astronomía, con lo que se convirtió también en

que relacionaba las diversas clases de estrellas (A, B, F, G, K, M y O) con su temperatura. Había leído los trabajos del físico indio Meghnad Saha, profesor de la Universidad de Allahabad (actual Prayagraj, en Uttar Pradesh), que estudiaba el comportamiento de los gases a altas temperaturas. Saha utilizaba las ideas de la mecánica cuántica (es decir, el comportamiento de partículas diminutas) para averiguar qué les ocurría a los átomos a temperaturas y presiones extraordinariamente elevadas, y observó que, cuanto mayor era la temperatura o la presión, más se ionizaba un gas. Y cuanto más ionizado está un gas, más electrones se liberan de sus órbitas en torno a los núcleos de los átomos, lo que da lugar a electrones libres con carga negativa y núcleos con carga positiva. Saha formuló todo esto en una hermosa y pulcra ecuación que pasaría a llevar su nombre: *la ecuación de ionización de Saha*.[17]

Otros físicos, como el astrónomo británico Ralph Fowler, no tardaron en comprender lo que implicaba el trabajo de Saha: que ese efecto causaría diferentes grados de absorción en los espectros de las estrellas. Con temperaturas demasiado frías, no habría energía suficiente para elevar los electrones a órbitas superiores y, por lo tanto, estos absorberían menos luz; con temperaturas demasiado calientes, habría tanta ionización que ya no quedarían electrones en órbita en los átomos para absorber la luz, con lo que, nuevamente, la absorción sería menor. En consecuencia, debería haber un punto óptimo en el que se produjera la máxima absorción de luz por parte de los electrones; una temperatura perfecta tipo «Ricitos de Oro» —ni demasia-

---

la primera mujer que dirigía un departamento en dicha universidad. Allí supervisó a muchos estudiantes de posgrado de su época, entre ellos Frank Drake, famoso por la ecuación que lleva su nombre, la cual aspira a calcular cuántas civilizaciones avanzadas más puede haber en la Vía Láctea.

17. Creo que ese es el sueño de todo físico: inventar una ecuación nueva y flamante a la que le den tu nombre. O eso, o un gráfico muy específico.

do fría ni demasiado caliente—, que se tradujera en un montón de huecos en el espectro de la estrella.

Fue Celia Payne-Gaposchkin quien llevó estas ideas un paso más allá y demostró que el sistema de clasificación de Annie Jump Cannon podía ordenarse de más caliente a más frío según la secuencia O-B-A-F-G-K-M, y que el mayor grado de absorción se producía en las estrellas de tipo A, a esa temperatura ideal que resultaba no ser ni demasiado fría ni demasiado caliente. Al comprender que el grado de absorción guardaba relación con la temperatura, y no con la mayor o menor presencia de un determinado elemento, demostró que el Sol contenía un millón de veces más hidrógeno que ninguna otra cosa. El trabajo de Payne se publicó en 1925, pero el responsable de examinar su tesis, Henry Russell, la disuadió de insistir en tan audaz afirmación, dado que contradecía la idea predominante en la época de que la Tierra y el Sol estaban formados por una cantidad y una combinación de elementos similar. En 1929, Russell, de forma independiente y mediante un método distinto, determinó que el Sol estaba formado en su mayor parte por hidrógeno y, aunque reconocía debidamente la aportación del anterior trabajo de Payne-Gaposchkin, a menudo se le atribuye de manera errónea a él el mérito del descubrimiento.

Gracias a la perspicacia de Payne-Gaposchkin, hoy comprendemos cómo brillan las estrellas, conocemos la correlación de su brillo con el grado de absorción y su clasificación. Este sencillo sistema de clasificación se enseña a los astrónomos en ciernes de todo el mundo memorizando la secuencia O-B-A-F-G-K-M, y se conoce como *Esquema de Clasificación de Harvard*, aunque probablemente habría sido más apropiado llamarlo *Esquema de Clasificación de Cannon*. De este modo, muchos estudiantes aprenden el esquema, pero no la historia de las mujeres que hay detrás.

Así pues, dado que el grado de absorción observado en el espectro de una estrella viene determinado por su temperatura, la relación clave aquí es la que guarda la temperatura de una estrella con su brillo o magnitud absoluta, una relación que actualmente se representa mediante el denominado *diagrama de Hertzsprung-Russell*. Cuanto más caliente está la estrella, más luz tiene; y lo que es más importante: más energética es la luz que emite. La temperatura media del Sol es, en promedio, de 5.778 K (kelvins),[18] lo que significa que emite la mayor parte de su luz a una longitud de onda de unos 500 nm (nanómetros, o 0,0000005 m), que corresponde a un color verdoso. Pero emite asimismo una cantidad similar de luz roja y azul, lo bastante próximas como para que todo se mezcle y dé como resultado luz blanca; de ahí que no veamos el Sol de color verde. Betelgeuse, de color rojizo, es más fría (con 3.600 K), mientras que la azulada Sirio es más caliente (con 9.940 K).

Pero repitámoslo una vez más: *¿por qué* el brillo y la temperatura de las estrellas están correlacionados? La última pieza del rompecabezas que nos falta para comprender la naturaleza de las estrellas es su masa. Mientras impulsaba la catalogación de todos aquellos astros en el Observatorio del Harvard College, Edward Pickering se dedicaba a estudiar las estrellas binarias, parejas de estrellas que orbitan una alrededor de la otra. Esto le permitió calcular la masa relativa de las estrellas de distintos tipos espectrales. Resultó que las más masivas son las de tipo O, mientras que las más ligeras son las de tipo M. Básicamente, cuanto más masiva es una estrella, más brillante y caliente resulta.

Esto tiene pleno sentido si concebimos las estrellas —como hiciera Lord Kelvin— como cuerpos en constante equilibrio

18. Es decir, 5.500 °C (o 9.332 °F, si se quiere), por utilizar las unidades de temperatura no normativas. Para convertir grados Kelvin a Celsius, basta con restar 273,15 a la temperatura en kelvins.

entre el aplastamiento hacia dentro causado por la gravedad y el empuje hacia fuera debido a la energía liberada por la fusión nuclear. Las estrellas más masivas serán las que experimenten el mayor grado de aplastamiento gravitatorio, lo que calentará su interior a temperaturas mucho mayores de las que se dan en las estrellas más pequeñas. Para contrarrestar ese mayor empuje hacia dentro debido a la gravedad, las estrellas más masivas necesitan asimismo un mayor empuje hacia fuera: necesitan quemar más combustible cada segundo para no colapsar bajo su propia gravedad. Por eso son más brillantes: porque tienen que luchar más arduamente y de manera constante contra su propia gravedad, mucho más fuerte que en las estrellas de menor tamaño. Tanto es así que, aunque las estrellas más masivas contienen mucho más hidrógeno que nuestro Sol, la velocidad a la que tienen que fusionarlo hace que sus vidas sean mucho más cortas. Así, por ejemplo, una estrella de tipo O puede ser noventa veces más masiva que el Sol pero vivir solo un millón de años (es decir, 10.000 veces menos que los 10.000 millones de años de nuestro astro). Las estrellas más grandes, pues, viven deprisa y mueren jóvenes.

Durante su vida felizmente entregada a fusionar hidrógeno en helio, las estrellas se hallan en lo que se conoce como *secuencia principal del diagrama de Hertzsprung-Russell*, la mencionada correlación clave de brillo y temperatura. Sin embargo, cuando comienzan a agotar su combustible de hidrógeno, también empiezan a alejarse de esa correlación: se enfrían y cambian a un color más rojizo, pero mantienen el mismo brillo. Para hacer esto se hinchan hasta alcanzar un tamaño enorme y, de hecho, las clasificamos como *gigantes* (o incluso *supergigantes*, cuando son especialmente grandes). Si encontramos un gran cúmulo de estrellas que se han formado todas al mismo tiempo, podemos determinar su edad sabiendo que las estrellas de tipo O más brillantes ya habrán muerto y no aparecerán en el diagrama de Hertzsprung-Russell, y que habrá un punto en el que la secuencia principal se revierta para dar lugar a un gran número de estrellas gigantes.

Al alcanzar esos tamaños gigantescos, las estrellas retrasan lo inevitable. Por ejemplo, cuando el Sol empiece a agotar su combustible dentro de aproximadamente 5.000 millones de años, iniciará un sinuoso trayecto a través del diagrama de Hertzsprung-Russell, hinchándose primero hasta convertirse en una gigante roja, para acabar descendiendo finalmente a la parte inferior del gráfico, al sector de las enanas blancas (estrellas con elevadas temperaturas, pero poco brillo), tras perder sus capas más externas en la inmensidad del espacio. Pero ¿por qué sucede esto? ¿Qué hacen exactamente las estrellas cuando se hinchan para retrasar lo inevitable?

Una vez que los astrónomos lograron unir todas las piezas en 1929 y descubrieron que el proceso que alimentaba al Sol y a todas las estrellas del firmamento era la fusión de hidrógeno en helio, pudieron abordar la tarea de descifrar cómo ocurría en realidad. ¿Cómo se consigue físicamente que cuatro átomos de hidrógeno se unan y se fusionen para formar helio? Fue en 1939 cuando el físico nuclear germano-estadounidense Hans Bethe descubrió cómo se producía de hecho la fusión en las estrellas.[19] George Gamow (que, como ya hemos mencionado, calculó la

19. La madre de Bethe era judía, y, debido a ello, en 1933 fue destituido de su puesto de investigación en la Universidad de Tubinga en virtud de la Ley para la Restauración de la Función Pública Profesional, una ley de carácter antisemita y racista promulgada por el recién elegido Partido Nazi. Tras una breve estancia en la Universidad británica de Mánchester, en 1935 se trasladó definitivamente a Estados Unidos para ocupar una cátedra en la Universidad Cornell. Durante la Segunda Guerra Mundial se encontró con que sus conocimientos de física nuclear le valieron el puesto de jefe de la división teórica del laboratorio de Los Álamos, donde se desarrollaron las primeras bombas atómicas, como la arrojada sobre Nagasaki en 1945. Más tarde, Bethe se uniría a Albert Einstein para hacer campaña en contra de las pruebas atómicas y la carrera armamentística nuclear.

probabilidad de que dos átomos de hidrógeno pudieran superar la repulsión entre ellos, y descubrió que era ínfima pero no nula) había formulado previamente la hipótesis de una reacción en cadena de fusiones de átomos de hidrógeno, que partiría de la fusión de dos de ellos para producir hidrógeno pesado, también conocido como *deuterio*. Este tiene un protón en su núcleo, como el hidrógeno normal, más un neutrón, lo que lo hace ligeramente más pesado.[20] Aclaremos que el número de protones es el que determina de qué elemento es un átomo, mientras que el número de neutrones solo determina lo pesado que es ese átomo; normalmente los átomos tienen el mismo número de neutrones que de protones (excepto el hidrógeno, que en circunstancias normales carece de neutrones),[21] y a los átomos cuyo número de neutrones difiere del normal, como el deuterio, los llamamos *isótopos*. Pues bien, en la mencionada reacción en cadena, el hidrógeno pesado se fusionaría con otro átomo de hidrógeno para formar helio ligero (helio-3), que a su vez se fusionaría finalmente con un cuarto átomo de hidrógeno para formar helio.

Pero a Bethe no le convencía esta hipótesis de la reacción en cadena de protones: ¿qué pasaba entonces con los elementos más pesados, como el carbono, que se sabía que también se hallaban presentes en el Sol y las estrellas?; ¿cómo se formaban y cómo influían en las reacciones nucleares que se producían en el interior de estas? Bethe se dio cuenta de que, en realidad, la presencia de carbono podía actuar como catalizador de las reacciones nucleares, al menos cuando las estrellas eran lo bastante calientes. El ciclo consistiría, pues, en combinar hidrógeno

20. Si no recuerdas o no sabes lo que es un protón, un neutrón o un electrón, no te preocupes: lo veremos en el próximo capítulo.

21. Y exceptuando también los elementos más pesados, que se vuelven inestables sin un montón de neutrones adicionales que los mantengan unidos frente a su potencial desintegración radiactiva en elementos más ligeros.

con carbono, nitrógeno y oxígeno para finalmente producir un poco de helio. La secuencia sería la siguiente:

1. El carbono se fusiona con hidrógeno (paso 1) para formar nitrógeno ligero.
2. El nitrógeno ligero se desintegra en carbono pesado.
3. El carbono pesado se fusiona con hidrógeno (paso 2) para formar nitrógeno.
4. El nitrógeno se fusiona con hidrógeno (paso 3) para formar oxígeno ligero.
5. El oxígeno ligero se desintegra en nitrógeno pesado.
6. El nitrógeno pesado se fusiona con un átomo de hidrógeno (paso 4) y luego se divide para dar lugar a carbono más un átomo de helio.

En este ciclo se empieza y se termina con carbono; por el camino se utilizan cuatro átomos de hidrógeno y al final se obtiene un poco de helio. Se conoce como *ciclo CNO* (o 'ciclo carbono-nitrógeno-oxígeno').

Bethe calculó que, a temperaturas muy elevadas, este proceso resulta mucho más eficiente que la reacción en cadena protón-protón, dado que es mucho más probable que el hidrógeno se fusione con carbono o nitrógeno que consigo mismo. Publicó su trabajo en 1940, y en 1967 obtuvo el Premio Nobel de Física: había descifrado exactamente cómo obtenían su energía las estrellas.[22] Pero la cuestión que todavía quedaba por resolver era cómo se formaban de entrada el carbono, el nitrógeno y el oxígeno. El hidrógeno es el más simple de todos los elementos: con un solo protón en su núcleo, puede considerársele un componente básico del universo. También es el elemento más abun-

22. Hoy sabemos que en las estrellas con una masa similar o inferior a la del Sol predomina de hecho la reacción en cadena protón-protón, y solo las más masivas que el Sol obtienen su energía mediante el ciclo CNO.

dante del cosmos, por lo que debe de haber algún otro proceso por el que se convierta en otros elementos más pesados que el helio.

Bethe nunca llegó a abordar el problema de la formación de elementos pesados, y habrían de pasar unos años más para que lo hiciera el astrónomo británico Fred Hoyle en 1946. Hoyle era profesor en el St. John's College de la Universidad de Cambridge; sus ideas sobre la producción de elementos pesados contribuyeron a darle fama[23] y a la larga le llevarían a convertirse en el primer director del Instituto de Astronomía Teórica de dicha universidad. Su hipótesis era que, cuando las estrellas se quedan sin combustible que quemar y ya no tienen energía que empuje hacia fuera para contrarrestar la presión hacia dentro del aplastamiento gravitatorio, empiezan a colapsar por efecto de la gravedad. Ese aplastamiento de la materia incrementaría la temperatura del interior de la estrella a millones de grados, haciendo que los núcleos de hidrógeno y helio creados en el proceso de fusión normal se fusionaran a su vez para formar todos los demás elementos de la tabla periódica en proporciones aproximadamente similares.

El problema de esta hipótesis es que tales elementos quedarían atrapados en el interior de la estrella colapsada y nunca llegarían a ver la luz. Sabemos, no obstante, que de un modo u otro tienen que dispersarse por el universo a fin de proporcionar los ingredientes que conforman el Sistema Solar. De modo que Hoyle revisó su teoría, reflexionando sobre esa extraña fase

23. También se opuso con vehemencia a la teoría del *Big Bang* sobre el origen del universo. De hecho, fue él quien acuñó el término *Big Bang* en tono de burla en un programa de radio de la BBC como una descripción visual de la teoría para el público británico. Hoyle sostenía, en cambio, que el universo siempre había existido y seguiría existiendo en un estado estacionario e inmutable. A la larga se demostraría que estaba equivocado y se impondría la teoría del *Big Bang* a la que él que dio nombre.

gigante que atraviesan las estrellas cuando agotan su combustible de hidrógeno. Este último solo se calienta lo suficiente para que se produzca la fusión en el núcleo interno de la estrella, de modo que solo alrededor del 5 % del hidrógeno de las estrellas se convierte en helio a lo largo de su vida (tal como había postulado el propio Arthur Eddington). Cuando una estrella masiva comienza a agotar su combustible de hidrógeno, empieza a colapsar por la gravedad: su atmósfera exterior de hidrógeno aplasta el núcleo, ahora formado íntegramente por helio.

A medida que la estrella colapsa por efecto de la gravedad, el hidrógeno más próximo al núcleo se calienta lo bastante para fusionarse también en helio, y a su vez empieza a calentar el núcleo de helio y la atmósfera de hidrógeno que lo rodea. El núcleo se contrae un poco más, se calienta aún más, y lo único que puede hacer la estrella para equilibrar esa situación es expandir su atmósfera exterior de hidrógeno hasta hacerse tremendamente difusa. Se convierte en gigante o, si se trata de una estrella muy masiva, en supergigante (las capas externas de la estrella se enfrían a medida que se hacen más difusas; esa es la razón por la que estas estrellas gigantes se ven rojas).

La fusión prosigue en la capa que rodea el núcleo, hasta que este alcanza la suficiente temperatura para empezar a fusionar helio en carbono. A la larga, el hidrógeno que rodea el núcleo se agota, y la estrella comienza a colapsar de nuevo hasta que otra capa se calienta lo bastante para volver a desencadenar la fusión del hidrógeno. La capa previamente fusionada es ahora de helio puro, y este empieza a fusionarse en carbono, al tiempo que el carbono que se había formado en el núcleo comienza a fusionarse en oxígeno. Este proceso se repite una y otra vez hasta que la estrella se asemeja a una cebolla, con sucesivas capas de elementos cada vez más pesados, formados por la fusión provocada por temperaturas cada vez más elevadas a medida que la estrella intenta evitar su inevitable colapso.

La estrella continuará esta fusión constante de elementos cada vez más pesados en su núcleo hasta que los átomos de silicio se fusionen para producir hierro. El hierro es la sentencia de muerte de las estrellas: aunque puede fusionarse para dar lugar a elementos aún más pesados, ese proceso consume más energía de la que produce, de modo que no se puede utilizar como combustible. En este punto, cuando la estrella vuelve a contraerse, ya no se crean nuevas capas, ni se desencadena ningún nuevo proceso de fusión capaz de resistir el aplastamiento gravitatorio. Los elementos más ligeros de la periferia de la estrella se colapsan hacia el interior, incrementando exponencialmente la temperatura por un breve tiempo y produciendo un enorme estallido de luz que puede verse a través de la galaxia y más allá, antes de rebotar contra los elementos más pesados del núcleo y salir despedidos hacia el espacio. A este proceso de colapso y rebote lo llamamos *supernova*.[24]

Hoyle publicó su hipótesis de la «cebolla» para explicar la muerte de las estrellas en 1954 y poco después, en 1957, se unió a otros tres científicos (el físico estadounidense William Fowler, el astrónomo británico Geoffrey Burbidge y la astrónoma británico-estadounidense Margaret Burbidge) para escribir el que sería uno de los artículos de investigación más influyentes de toda la historia de la astrofísica: «Síntesis de los elementos en las estrellas». El texto, que pasaría a conocerse como «artículo

24. Hay que tener en cuenta que el Sol nunca hará todo esto, ya que no es lo bastante masivo. Dentro de unos 5.000 millones de años se hinchará hasta convertirse en una gigante roja que se tragará la Tierra y quizá incluso Marte, pero no alcanzará ni de lejos el mismo nivel de «cebolla» de las estrellas más masivas. No tiene suficiente masa como para que la gravedad llegue a ejercer en el núcleo la fuerza necesaria para desencadenar la fusión del carbono y el oxígeno en elementos más pesados. En ese punto, el núcleo estará tan caliente que simplemente empujará hacia fuera las capas exteriores de la atmósfera de gigante roja del Sol, en un proceso más parecido al chisporroteo de un petardo que a una espectacular supernova.

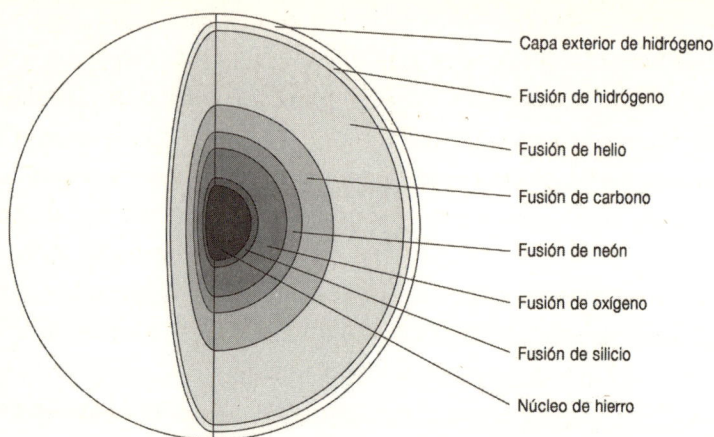

Capa exterior de hidrógeno
Fusión de hidrógeno
Fusión de helio
Fusión de carbono
Fusión de neón
Fusión de oxígeno
Fusión de silicio
Núcleo de hierro

La estructura en forma de cebolla de una estrella
supergigante próxima al final de su vida.

B²FH» (por las iniciales de sus autores), constituía básicamente un análisis que aunaba todo el trabajo realizado con anterioridad sobre la producción de elementos pesados mediante procesos de fusión (por parte de los físicos nucleares), las observaciones sobre la proporción de las diversas cantidades de elementos pesados presentes en las estrellas (por parte de los astrónomos) y las propias ideas de Hoyle en relación con su hipótesis de la «cebolla» de la muerte estelar. En el artículo se identificaban las reacciones nucleares que se producirían en cada una de las capas de la estrella moribunda, se predecían las cantidades que se formarían de cada elemento y se constataba cómo estas coincidían con las cantidades medidas en las observaciones astronómicas de los espectros estelares. Con ello se ponía un pulcro y hermoso broche de oro a cincuenta años de investigación.

El artículo B²FH no solo influyó en el ámbito de la astrofísica, sino que también captó la atención de la opinión pública en general. Si resulta que las estrellas son las grandes forjas del universo, en las que se crean todos los elementos que luego se expulsan al cosmos, eso significa que tú, apreciado lector, yo, e incluso la Tierra entera, estamos hechos de «polvo de estrellas». Ciertamente suena muy poético; pero mi analogía favorita —y creo que más certera— para definir este proceso es que todos esos elementos son «caca de supernova». Soy consciente de que la frase «todos estamos hechos de caca de supernova» no tiene las mismas resonancias poéticas, pero a mí me gusta.

Fue una supernova la que originó la brillante «estrella invitada» que detectaron los astrónomos chinos en 1054 y que dejó tras de sí los fantasmagóricos restos que hoy podemos observar en la nebulosa del Cangrejo. Pero ¿qué ha quedado en medio de la nebulosa emitiendo todos esos rayos gamma? ¿Qué le ocurre al núcleo de una estrella tras expulsar las capas exteriores de su atmósfera? ¿Y si ya no queda nada capaz de resistir el inexorable aplastamiento de la gravedad?

Pues tenemos un agujero negro.

3

Montañas lo bastante altas para impedirme llegar a ti

Si hubiera algo que yo pudiera cambiar en toda la física, sería el nombre de los agujeros negros. Pero ¿qué importancia tiene un nombre?, podrías preguntar. Pues *mucha*. Mientras que hay numerosos ejemplos de palabras consideradas hermosas en todas las lenguas (Tolkien, por ejemplo, decía que para él las palabras inglesas *cellar door* —'puerta de la bodega'— le resultaban especialmente bellas por su sonido), yo diría que no existe un término que haya provocado más malentendidos y tergiversaciones que *agujero negro*, pues hace pensar a la gente en un pozo profundo y oscuro en el que puedes caerte, en un sumidero o incluso en un remolino cósmico que engulle naves espaciales como si se tratara de marineros desprevenidos en alta mar.

Pero quizá lo más preocupante es que el término induce a creer que los agujeros negros implican la ausencia de algo. Que son como un espacio negativo. Algo que resta. Pues bien, permíteme que sea yo quien te diga que un agujero negro es lo menos parecido a un agujero que puede existir. Los agujeros negros no implican la ausencia de nada, sino la presencia de *todo*: materia en su forma más densa posible. A mí me gusta pensar en ellos más como montañas de materia que como agujeros en el suelo.

Entonces, ¿de dónde viene esa idea del «agujero»? Bueno, en parte hay que echarle la culpa a la teoría de la relatividad general de Einstein. La relatividad general es, ante todo, una teoría de la gravedad: nos dice cómo los objetos del espacio influyen en otros objetos y las trayectorias que seguirán, ya sea en órbita o con una rápida desviación. Es probable que estés pensando: ¿no es eso lo que hizo Newton cuando le cayó la manzana en la cabeza? Técnicamente sí. Según cuentan muchos de sus contemporáneos, en la década de 1660 el físico y matemático británico Isaac Newton sintió la inspiración que le llevó a reflexionar acerca de qué fuerza hace que las cosas caigan tras ver caer una manzana al suelo en su jardín de Lincolnshire. Se preguntó por qué la manzana caía siempre en línea recta hacia abajo, y nunca en diagonal, o incluso hacia arriba, y dedujo que debía de verse atraída siempre hacia el mismo centro de la Tierra. Sus cuadernos de notas de esta época muestran que estuvo dándole vueltas a esta idea durante muchos años, preguntándose si la fuerza ejercida por la Tierra se extendía más allá de su superficie y si tal vez llegaba incluso a mantener la Luna en órbita.

Newton tardó casi dos décadas en publicar la que sería su obra más célebre, los *Principios matemáticos de la filosofía natural* —más conocida simplemente como *Principia*—, donde en 1687 expuso sus famosas tres leyes del movimiento. La primera afirma que cualquier objeto en reposo permanecerá en reposo, y que cualquier objeto en movimiento permanecerá en movimiento a menos que actúe otra fuerza para frenarlo. La segunda dice que la fuerza aplicada a un objeto será igual a su masa multiplicada por su aceleración (la mayoría de nosotros recordamos de nuestros días de instituto la fórmula $F = ma$ después de que nos la inculcaran repetidas veces). Y la tercera sostiene que a toda acción le corresponde una reacción igual y de sentido opuesto, lo que básicamente viene a significar que, si tiras de algo, eso tirará de ti.[25]

Pero Newton no se detuvo ahí. También definió su ley de gravitación universal, que establece que cada partícula del universo atrae a todas las demás con una fuerza que depende de lo masiva que sea cada una de ellas, y que se disipa a medida que se alejan unas de otras (lo hace en función del cuadrado de su distancia, por lo que se debilita con rapidez). Así que en este momento, querido lector, la gravedad te atrae hacia el libro que sostienes en las manos, mientras que al mismo tiempo atrae el libro hacia ti; pero como, astrofísicamente hablando, ni tú ni el libro sois muy masivos, en la práctica ni siquiera percibes ese tirón (es una fuerza de unos 0,000000005 newtons, o N; a modo de comparación, digamos que, por ejemplo, la fuerza que generan tus dientes posteriores al masticar es de unos 1.000 N).

Lo que Newton postulaba en sus *Principia* era que existía una fuerza invisible que actuaba a través de grandes distancias en todo el universo. Esta idea fue acogida con enorme escepticismo por parte de muchos científicos y filósofos de la época, que acusaron a Newton de dejarse arrastrar por ideas «ocultas»; vamos, que pensaban que era un chiflado. A mí me gusta recordarle a la gente que las fuerzas magnéticas tampoco se ven, pero aun así se puede percibir perfectamente la atracción magnética entre dos imanes. Los efectos del magnetismo se conocían desde la antigüedad y, en 1600, el filósofo británico William Gilbert publicó un trabajo en el que señalaba que la propia Tierra era un gigantesco imán. De modo que la comunidad

25. Como reza la letra del musical *Hamilton*: «Every action has its equal, opposite reaction. | Thanks to Hamilton, our cabinet's fractured into factions» ('Cada acción tiene su reacción igual y opuesta. | Gracias a Hamilton, nuestro gabinete se ha fracturado en facciones'). Esta va dedicada a mis colegas forofos del mencionado musical.

científica había admitido ya la existencia de fuerzas invisibles, pero quizá en el calor del momento Newton no previó que sus postulados podrían tener una réplica tan contundente.

Así pues, aunque el trabajo de Newton en sus *Principia* proporcionaba un marco para describir la gravedad y, a la larga, acabaría propulsándole al estrellato científico internacional, lo que los *Principia* no hacían era explicar qué era realmente la gravedad y qué la causaba, para disgusto de la comunidad científica. Habrían de pasar más de doscientos años (¡y no por falta de intentos!) para que se postulara otra teoría gravitatoria distinta que explicara de hecho el origen de la gravedad: la teoría de la relatividad general de Einstein. Aunque a la larga la comunidad científica acabó aceptando las leyes del movimiento y de la gravitación de Newton, estas planteaban un problema: si bien podían predecir con gran exactitud las posiciones de los planetas del Sistema Solar en su órbita alrededor del Sol, en el caso del planeta más cercano a este, Mercurio, los cálculos daban siempre un resultado ligeramente erróneo.

Nadie supo por qué hasta mucho después de Newton, cuando en 1859 lo averiguó el astrónomo francés Urbain Le Verrier. Este ya era un personaje muy conocido y apreciado en la comunidad astronómica de su época desde que en 1846 observara ciertas rarezas en la órbita de Urano. Predijo que se debían a la presencia de un gran planeta situado más allá de la órbita de Urano, y envió una carta al Observatorio de Berlín indicándoles dónde buscarlo. Aquella misma noche se descubrió Neptuno a solo 1° (un grado) de distancia del lugar donde Le Verrier había predicho que estaría (para entender el nivel de precisión que eso supone, extiende el brazo y observa la silueta de tu mano sobre el cielo: a esa distancia de tu cara, tu dedo meñique mide aproximadamente 1° de grosor).

¿Qué más puedes hacer después de predecir la existencia de un planeta del Sistema Solar que nadie sabía que existía? Pues

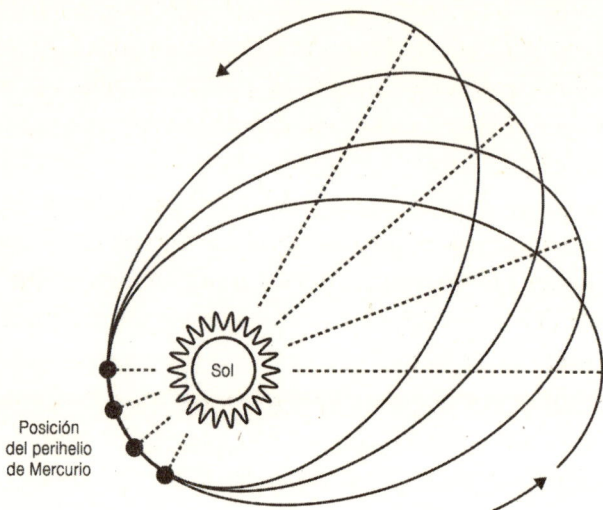

*La precesión del perihelio de Mercurio. Aquí se exagera
el efecto para mostrar la forma «espirográfica» que acaba
adquiriendo la precesión al cabo de muchos milenios.*

bien, Le Verrier se dedicó a predecir los movimientos y las posiciones de todos los planetas del sistema para asegurarse de que no se había pasado por alto nada más, una tarea hercúlea que le mantendría ocupado el resto de su vida. En el marco de ese empeño, dedicó muchos años a observar la posición de Mercurio para estudiar su órbita. En 1859 publicó sus datos: una lista enorme de las posiciones del planeta a lo largo de varios años. Y constató que lo que desbarataba sus predicciones (y las de otros) con respecto a la posición de Mercurio era que su perihelio experimentaba una «precesión».

Las órbitas de los planetas alrededor del Sol no son círculos perfectos, sino elipses. Estas son órbitas ovaladas que astronómicamente se definen por dos cifras: la posición más alejada del centro (que en el caso del Sistema Solar se conoce como *afelio*; del griego *apó*, 'lejos de', y *helios*, 'Sol'), y la más cercana al centro (conocida como *perihelio*).[26] Así, por ejemplo, el 5 de enero de cada año la Tierra se encuentra en su perihelio, a 147,1 millones de kilómetros del Sol, mientras que el 5 de julio está en su afelio, a 152,1 millones de kilómetros. ¡Una diferencia de cinco millones de kilómetros!

En la órbita de la Tierra, el afelio y el perihelio se dan en el mismo sitio. Pero lo que descubrió Le Verrier en el caso de Mercurio era que el perihelio —el momento en el que está más cerca del Sol— nunca se repetía en un mismo punto en las sucesivas órbitas del planeta. Si nos pusiéramos a dibujar la órbita de Mercurio a lo largo de varios años, el resultado parecería un patrón de espirógrafo,[27] aunque en unas pocas órbitas el efecto no llegaría a apreciarse. Si bien Mercurio tarda solo ochenta y ocho días en dar la vuelta alrededor del Sol, Le Verrier tuvo que aguardar durante muchas órbitas a que este efecto se hiciera evidente para poder detectarlo.

En cierto sentido, lo que ocurría con la órbita de Mercurio tampoco era una gran sorpresa, ya que el propio Newton lo había predicho: cuando hay un pequeño cuerpo celeste muy cerca de uno masivo con otros cuerpos orbitando a su alrededor, el más diminuto se ve ligeramente perturbado por todos los demás cuerpos del sistema. Así pues, la precesión de la órbita de Mercurio se debe a que no solo interactúa con el Sol, sino que asimismo experimenta la atracción de los otros siete planetas que orbitan en torno a este (más la de todos los planetas enanos, cometas y asteroides que pueblan el Sistema Solar). Pero Le Verrier fue el primero en señalar que, si se utilizan las ecuaciones de la teoría gravitatoria de Newton para predecir el

26. De hecho, un círculo no es más que un caso muy especial de elipse en el que las posiciones más lejana y más cercana son iguales.

27. El espirógrafo era uno de mis juguetes preferidos de pequeña. Fabricaba obsesivamente toda clase de patrones espirográficos con todos los bolígrafos de gel de distintos olores y colores que caían en mis manos.

grado de precesión de la órbita de Mercurio durante un siglo, se obtiene un valor inferior al observado.

Antes de declarar que debía de haber algo erróneo en una ley gravitatoria que la comunidad científica aceptaba desde hacía más de ciento setenta años, Le Verrier consideró otras posibles explicaciones de aquella discrepancia. Por ejemplo, que el Sol no es perfectamente redondo, sino un esferoide oblato, lo que significa que está algo achatado en los polos. Lo mismo le ocurre a la Tierra y, sobre todo, a Saturno, dado que giran muy deprisa; debido a ello, la parte del ecuador se abomba un poco, de manera similar a como en un tiovivo sentimos que una fuerza nos empuja hacia fuera. Resultó que la forma del Sol influye un poco en la precesión de la órbita de Mercurio, pero no lo bastante para explicar la discrepancia. Así que Le Verrier postuló también que podría haber otro planeta dentro de la órbita de Mercurio, orbitando el Sol mucho más cerca.

En aquel momento, la posible existencia de ese planeta adicional se convirtió en la hipótesis preferida para explicar la discrepancia, en parte porque —como ya hemos visto— solo trece años antes de postularla Le Verrier ya había predicho la existencia de Neptuno a partir de sus efectos en la órbita de Urano. De modo que, por extraña que pueda parecernos a nosotros la idea de que hubiera un planeta más entre el Sol y Mercurio, por entonces no resultaba tan descabellada. Acababa de descubrirse Neptuno y existía la sensación generalizada de que debía de haber algo más ahí fuera. Así, encontrar ese hipotético planeta entre el Sol y Mercurio (bautizado como Vulcano en honor al dios romano de los volcanes, el fuego y las fraguas) se convertiría en el objetivo de muchos astrónomos durante lo que quedaba del siglo XIX.

El deseo de atribuirse el descubrimiento dio lugar a un montón de falsas proclamaciones, entre otras de personas que se empeñaban en afirmar que habían observado un planeta muy cercano al Sol durante un eclipse solar en una posición que no se sabía que coincidiera con la de ninguna estrella conocida (obviamente, a mayor distancia), y ello a pesar de que nadie más lo había observado durante ese mismo eclipse solar. Todas esas supuestas observaciones dieron lugar a diferentes descripciones de las propiedades de Vulcano y de su órbita. Si todas esas propiedades hubieran sido similares, tal vez la hipótesis de un nuevo planeta dentro de la órbita de Mercurio habría resultado bastante convincente, pero muy pronto quedó claro que ese hipotético planeta era solo eso, hipotético, y no podía explicar la extraña precesión del perihelio de Mercurio.

Así pues, agotadas todas las demás opciones, la única explicación era que la teoría gravitatoria de Newton no era del todo correcta. Y aquí es donde Einstein entra en escena. En la primera década del siglo XX, el científico alemán dio a conocer al mundo su teoría de la relatividad especial, que describía lo que ocurría con la percepción del tiempo y el espacio cuando se viajaba a una velocidad cercana a la de la luz. Einstein introdujo las nociones de la dilatación del tiempo (cuanto más rápido viajas, menos tiempo transcurre desde tu perspectiva) y la contracción de la longitud (cuanto más rápido viajas, más se contrae tu longitud en la dirección en la que te desplazas). Como la mayoría de las teorías revolucionarias, esta resultó tremendamente controvertida y dejó muchas preguntas sin respuesta. En su intento de atar todos los cabos sueltos, Einstein acabó ideando una nueva forma de explicar la gravedad: como una curvatura del propio espacio. Los objetos masivos curvan el espacio que los rodea, y, en consecuencia, todo lo que se desplaza por él, ya sea un planeta o la luz, sigue una trayectoria curva. Es habitual imaginarlo recurriendo a la analogía visual de una sábana estirada para mantenerla tensa, o de una cama elástica, con una pelota de baloncesto en el centro. Si hacemos rodar una pelota de ping-pong por esa superficie, esta seguirá una trayectoria curva aunque la hayamos impulsado en línea recta. Si bien esta es una analogía magnífica, no nos ayuda a visualizar la curvatura del espacio en tres dimensiones, algo que al cerebro humano le resulta imposible concebir.

Einstein publicó su teoría de la relatividad general en una serie de artículos que aparecieron entre 1907 y 1915, donde formulaba las ecuaciones que básicamente describían la curvatura del espacio causada por los objetos masivos. Se trataba de un conjunto de ecuaciones genéricas que podía aplicarse a muchos escenarios diversos en función de las distintas masas y, sobre todo, de las diferentes velocidades a las que se desplazaran los objetos, ya fueran las de nuestra experiencia cotidiana o velocidades cercanas a la de la luz. Einstein descubrió que, si aplicaba su teoría de la relatividad general al problema del Sistema Solar, sus ecuaciones se simplificaban hasta coincidir con las de Newton cuando los objetos no se desplazaban a velocidades cercanas a la de la luz o no se hallaban próximos a otros objetos muy masivos. Así pues, no es que las ecuaciones de Newton fueran necesariamente erróneas, sino que generalizaban lo que de hecho era un caso especial. Mercurio, sin embargo, está cerca de un objeto masivo como el Sol, por lo que la ecuación de Einstein para describir su órbita resultaba un poco distinta de la de Newton. Lo que hizo Einstein fue calcular el efecto que tendría esta diferencia de ecuaciones en la posición prevista de un planeta y, en particular, en la precesión esperada del perihelio de Mercurio. Tras constatar que correspondía al mismo valor medido por Le Verrier, lo utilizó como prueba en favor de su nueva teoría gravitatoria. Propuso asimismo otros dos fenómenos que también permitirían demostrar su nueva teoría, postulando que los objetos masivos deberían provocar el desplazamiento hacia el rojo de la luz (este alargamiento de la longitud de onda de la luz, o *desplazamiento hacia el rojo gravitacional*, se confirmaría finalmente en 1954), y también su curvatura.

En vida de Einstein solo fue posible confirmar el último de estos dos postulados: la curvatura de la luz procedente de estrellas distantes situadas detrás del Sol durante un eclipse solar. Cuando se produce un eclipse, oscurece lo suficiente para poder ver en pleno día las estrellas que desde nuestra posición quedan detrás del Sol, y que normalmente solo son visibles de noche y seis meses antes, cuando la Tierra está al otro lado de nuestro astro. Entonces se pueden comparar las posiciones de las estrellas de noche con las registradas durante un eclipse solar y constatar si esas posiciones aparentes de las estrellas cambian debido a que el Sol, al curvar el espacio que le rodea, ha desviado su luz. Para hacer exactamente eso, los astrónomos británicos Frank Dyson y Arthur Eddington (que por entonces ya era muy conocido por haber explicado la relatividad general al mundo anglosajón tras la interrupción de los canales habituales de comunicación científica durante la Primera Guerra Mundial, pero que aún no había alcanzado el estatus de Gran Nombre de la Física gracias a sus trabajos acerca de cómo obtienen su energía las estrellas) organizaron dos expediciones para observar el eclipse solar de mayo de 1919:[28] una a la ciudad brasileña de Sobral, bajo la dirección de Andrew Crommelin y Charles Rundle Davidson, del Real Observatorio de Greenwich, y la otra a la isla de Príncipe, en África Occidental, esta dirigida por el propio Eddington junto con otro astrónomo llamado Edwin Cottingham.

A pesar de que durante el eclipse no hizo muy buen tiempo, Eddington obtuvo suficientes imágenes para registrar las posiciones de las estrellas y declarar que el cambio en su posición aparente coincidía con lo que predecía la relatividad general.

---

28. La organización de esta expedición también permitió a Eddington evitar su reclutamiento en el ejército británico durante la Primera Guerra Mundial, cuando tenía treinta y cuatro años. Afirmaba ser objetor de conciencia debido a sus creencias cuáqueras.

Imagen del eclipse observado en 1919 por Eddington
y Cottingham en la isla de Príncipe.

Los resultados se anunciaron en una reunión de la Royal Society londinense celebrada en noviembre de 1919, y al día siguiente ya habían saltado a los titulares en todo el mundo. El
más célebre de todos ellos sería el titular que publicó el *New
York Times* el 10 de noviembre, que rezaba: «Todas las luces se
tuercen en el cielo... los hombres de ciencia más o menos albo-
rotados... no hay de qué preocuparse».[29] Einstein se hizo mun-
dialmente famoso como el hombre que «corrigió» a Newton
con su nueva teoría de la gravedad, aunque el conjunto de la comunidad científica todavía tardaría algún tiempo en aceptar la
relatividad general.

Para empezar, porque para nosotros los científicos nunca
basta un único experimento con una sola medición. Era necesario repetirlo, pero, por desgracia, no todos los días hay eclipses solares y, además, al clima le gusta intervenir y arruinar la

29. Me gusta especialmente el hecho de que una parte del titular tranquilizara
a la gente diciéndole que no había de qué preocuparse.

fiesta. En segundo término, tampoco es que hubiera una gran comprensión de la relatividad general entre otros científicos de la época. Los artículos de Einstein se habían publicado en alemán, y no todo el mundo podía obtener una traducción precisa en su propia lengua, sobre todo porque los traductores también tenían que estar íntimamente familiarizados con la física y con la propia relatividad general.

Algo que Einstein nunca predijo en su relatividad general fueron los agujeros negros (es un error habitual creer que sí lo hizo), aunque mucho antes de él ya había estado circulando un esbozo de la idea. En 1783, el británico John Michell, clérigo de día y astrónomo de noche, reflexionó sobre la posibilidad de que existieran cuerpos celestes tan masivos que la luz no pudiera escapar de ellos, y los bautizó como *estrellas oscuras*. Incluso llegó a afirmar que, si existían, podíamos detectarlos por el efecto de su atracción gravitatoria sobre otros objetos visibles.

Pero fue el físico y astrónomo alemán Karl Schwarzschild quien en 1915, solo unos meses después de que se publicara la relatividad general, encontró sin querer la primera descripción matemática de un agujero negro resolviendo las ecuaciones de Einstein (volveremos a ello más adelante). Uno de los potenciales escenarios que describían las soluciones de Schwarzschild era el de que toda la masa de la estrella colapsara en un único punto. En tal escenario, muchos de los términos de las ecuaciones se volvían infinitos. Hasta el propio tiempo se detendría, lo que le llevó a denominar a aquellos cuerpos *estrellas congeladas*. Pero si pensamos en ello en los términos en que Einstein describió la gravedad, como una curvatura del espacio-tiempo, y volvemos a nuestra analogía de la cama elástica, es fácil visualizar que poner un objeto extremadamente denso y pesado en dicha cama causaría una depresión muy profunda; podría decirse que un «agujero». Así, por mucho que tengamos que agradecerle a Einstein, quizá también deberíamos protestar por haber contribuido a implantar en el cerebro de la gente la idea de un «agujero» en el espacio.

Obviamente, los físicos de la época no admitieron que las soluciones de Schwarzschild fueran realistas, sino solo meras curiosidades teóricas. Lo que hoy llamamos *agujeros negros* se denominaban entonces *estrellas gravitatoriamente colapsadas* o simplemente *estrellas colapsadas*, que es también como las denomina el prominente astrónomo suizo Fritz Zwicky en un trabajo publicado en 1939. Pero en 1971, el propio Stephen Hawking, en un artículo que lleva por título «Objetos de muy baja masa gravitacionalmente colapsados», se refiere a tales objetos como *«agujeros negros»*, entrecomillado incluido. ¿Cómo surgió el término, entonces, en el tiempo transcurrido entre las décadas de 1940 y 1970? ¿Cuál es la etimología de la expresión *agujero negro*?

Parece ser que el famoso físico estadounidense Robert H. Dicke es el culpable de acuñar el término que acabó abriéndose camino en los círculos de investigación astronómica. Lamentablemente, todo apunta a que Dicke se inspiró en un angustioso relato de un triste periodo de la historia. En el primer Simposio de Texas, celebrado en Dallas en 1961, los asistentes informaron de que, en su presentación, Dicke comparó repetidas veces las *estrellas gravitacionalmente colapsadas por completo* con el llamado *agujero negro de Calcuta*, una pequeña celda de los calabozos del Fuerte William, en la ciudad india de Calcuta, que medía solo 4,30 × 5,50 metros (aproximadamente el tamaño de tres camas dobles).

El Fuerte William se construyó para proteger las actividades comerciales de la Compañía Británica de las Indias Orientales en Calcuta. El nabab de Bengala, Siraj ud-Daulah —máximo líder de la región—, ordenó detener la construcción. Pero los británicos siguieron adelante de todos modos, y, en represalia, las fuerzas de Siraj sitiaron el fuerte. Entonces se ordenó a la mayoría de las tropas británicas que abandonaran sus puestos y escaparan, con la excepción de un grupo de 146 soldados que se quedaron como última línea de defensa. El fuerte cayó en junio de 1756, y todos los soldados británicos supervivientes fueron encarcelados en el «agujero negro». Allí el hacinamiento era tal, había tantos soldados en un espacio tan reducido, que de un día para otro muchos de ellos murieron asfixiados y exhaustos por el calor. Las fuentes documentales varían en cuanto al número de vidas que se perdieron, pero los historiadores calculan que se encarceló a 64 personas, de las que solo 21 sobrevivieron a la noche. En la iglesia de San Juan de Calcuta hay un monumento conmemorativo erigido en 1901 en memoria de «quienes perecieron en la prisión del Agujero Negro del antiguo Fuerte William».

Fue este acontecimiento histórico —el aplastamiento de un grupo de personas en una celda— el que, no sin cierto morbo, llevó a Dicke a utilizar el término para referirse a esa fase en la que la materia se ha aplastado y la estrella ha colapsado debido a la gravedad. Uno de los colegas que hizo suyo el término fue el físico estadounidense Hong-Yee Chiu (a quien se atribuye la invención de la palabra *cuásar*, un acrónimo para referirse a un objeto 'cuasi estelar'). Chiu inspiró a la periodista científica Ann Ewing a escribir un artículo titulado «"Agujeros negros" en el espacio» para la revista *Science News Letter* en 1964, fecha que señala la primera vez que se utilizó el término en la prensa impresa.

Sin embargo, es a John Wheeler a quien se le atribuye la auténtica popularización del término y su transformación de una mera analogía en jerga científica propiamente dicha.[30] Cierto día de 1968, Wheeler estaba en el Instituto Goddard de

---

30. De forma similar a como la analogía del *Big Bang* de Hoyle acabaría incorporándose al léxico científico.

la NASA, en Nueva York, presentando su reciente investigación sobre los «objetos gravitacionalmente colapsados por completo», cuando se quejó en broma de que aquella expresión era demasiado larga y engorrosa para repetirla de manera constante. Según cuenta Wheeler en su autobiografía, en ese momento alguien del público sugirió: «¿Qué tal *agujero negro*?»; y él pensó que el término era perfecto por su brevedad y su «valor publicitario». De modo que lo adoptó con entusiasmo y lo usó en un artículo que escribió en 1968 para la revista *American Scientist*. El término no tardó en incorporarse al léxico académico después de que en 1969 el astrofísico alemán Peter Kafka fuera el primero en utilizarlo en un artículo de investigación científica y más tarde otros hicieran lo propio, como Stephen Hawking en 1971. El término *agujero negro* había cuajado, para posterior disgusto mío.

Supongo que debería estar agradecida de que la moderna afición a abreviar toda la terminología astronómica en forma de acrónimos no hubiera ganado terreno en la década de 1960; de lo contrario, probablemente ahora estaría diciéndole a todo el mundo que me dedico a estudiar OGCC ('objetos gravitacionalmente colapsados por completo', vaya). Pero en cualquier caso, ¿cómo habría llamado *yo* a los agujeros negros de haber tenido la oportunidad de hacerlo, si hubiera estado allí en la década de 1960 y hubiera tenido la misma influencia que Wheeler para bautizar tan espectaculares objetos?

Honestamente, no estoy muy segura; pero si tuviera que elegir, creo que las *estrellas oscuras* de John Michell serían mi opción favorita, y no generarían tanta confusión acerca de lo que son en realidad los agujeros negros.[31] O puede que incluso *montaña* fuera un término más apropiado para describir su

---

31. Pero he aquí un secreto para que lo guardes hasta el capítulo 7: *técnicamente* no son oscuras.

naturaleza, porque no es que lo que «cae» en un agujero negro simplemente desaparezca; antes al contrario, la materia se acumula y acumula, hasta el punto de que en algunos casos puede haber más de un billón de veces la masa del Sol comprimida en un agujero negro. Eso es literalmente una montaña de materia. Solo que se trata de montañas que no podemos ver de manera directa porque ni siquiera la luz puede escapar a ellas. No habría querido ser yo quien se lo dijera a Tammi Terrell y Marvin Gaye, pero, al contrario de lo que aseguraban en su famosa canción, resulta que sí hay montañas lo bastante altas para impedirme llegar a ti.

4

Por qué los agujeros negros son «negros»

Para entender por qué hay montañas tan altas que me impiden llegar a ti, y básicamente por qué de entrada los agujeros negros son «negros», primero necesitamos comprender la propia naturaleza de la luz. La historia de nuestra concepción de la luz resulta fascinante. Los antiguos filósofos, como Euclides y Ptolomeo, creían que eran nuestros ojos los que generaban la luz, y eso nos permitía ver el mundo que nos rodea. Al oír este razonamiento, Herón de Alejandría declaró que, si tal fuera el caso, entonces la velocidad de la luz debía ser infinita e instantánea, dado que al abrir los ojos vemos al instante la luz procedente de estrellas que se hallan a grandes distancias. Visto retrospectivamente desde nuestra actual posición privilegiada, sabedores de que los ojos no emiten luz, sino que la detectan *gracias* a las células que denominamos *conos* y *bastones*, podemos decir que esta lógica era errónea desde un principio. Sin embargo, la idea de que la velocidad de la luz era infinita todavía seguía presente en el siglo XVII, cuando contó con el respaldo de figuras como Johannes Kepler y René Descartes (dos gigantes de las matemáticas y la astronomía).

Fue Galileo Galilei[32] (famoso por descubrir las lunas de Júpiter con su telescopio en 1638) el primero en intentar medir en términos físicos la velocidad de la luz. El experimento que ideó para ello consistía en situar a dos personas en lo alto de sendas colinas separadas aproximadamente por un kilómetro y medio de distancia. Una de ellas llevaba una linterna cubierta, que luego habría de descubrir, tomando nota de la hora exacta en la que lo hacía, mientras que, a su vez, la persona situada en la otra colina, al ver la luz de la linterna, destapaba otra linterna y entonces, la primera persona medía el tiempo pasado entre que había destapado su linterna y que había visto la luz de la otra. En el experimento de Galileo, ambos individuos registraron la misma hora: el momento exacto en el que se descubrió la linterna; y muchos filósofos de la época dedujeron que, en efecto, la velocidad de la luz debía de ser infinita. Pero el propio Galileo señaló que los resultados del experimento también podían significar que la luz viajaba demasiado deprisa para que pudiera detectarse una diferencia a un kilómetro y medio de distancia. Y tenía razón: la luz tarda solo 0,000005 segundos en recorrer un kilómetro y medio, mientras que el tiempo medio de reacción humana (es decir, el que transcurre mientras los ojos detectan la luz, envían señales al cerebro, este toma una decisión y ordena a los músculos que reaccionen) es de aproximadamente 0,25 segundos.[33] A modo de comparación, digamos que la luz tarda aún menos, unos 0,133 segundos, en circunnavegar la Tierra en el ecuador. De modo que en realidad los pri-

32. Me encanta que en general se conozca a Galileo solo por su nombre de pila (es decir, como una «persona monónima»). Ello le sitúa en compañía de personajes tan interesantes como Hércules, Búdica, Miguel Ángel, Madonna y Beyoncé. Esa sí sería una cena a la que me gustaría asistir.

33. Puedes probar tus tiempos de reacción en varios sitios web. Yo acabo de probar el mío (tiendo a remolonear bastante cuando escribo), y en cinco intentos me ha salido una media de unos 0,263 segundos.

meros científicos nunca tuvieron la más mínima posibilidad de llegar a medir la velocidad de la luz en la Tierra debido a que las distancias que utilizaban eran demasiado cortas.

Tras fracasar en su intento de asignar un valor a la velocidad de la luz, Galileo renunció a la idea y pasó a centrar su atención en otro problema totalmente distinto: la navegación. La suya era la época de los primeros viajes transatlánticos regulares, y el conocimiento de la posición norte-sur y este-oeste de un barco podía suponer la diferencia entre la vida y la muerte.

Averiguar a qué distancia estás del ecuador en dirección norte o sur (la latitud) es bastante fácil. En el ecuador, el Sol de mediodía está directamente sobre tu cabeza (o al menos ocurre así en los equinoccios, cuando la Tierra no está inclinada hacia nuestro astro), pero conforme te desplazas hacia el norte o hacia el sur, el punto más alto que alcanza el Sol en el cielo desciende. El ángulo de ese descenso marca la distancia por encima o por debajo del ecuador que has recorrido en la superficie de la Tierra. Ojalá fuera así de fácil durante todo el año, pero no es eso lo que ocurre, porque el eje de la Tierra también está inclinado 23°, que es justo lo que da lugar a las estaciones. De modo que existe una pequeña complicación añadida, pero, básicamente, si sabes más o menos qué época del año es y puedes medir la altitud del Sol sobre el horizonte al mediodía, podrás calcular a qué distancia al norte o al sur del ecuador te encuentras. Dos cosas bastante fáciles de saber y de registrar.

Pero ¿cómo se determina la longitud, es decir, la distancia al este o al oeste del meridiano que se adopta como referencia? Hoy en día, los amables pilotos de las aerolíneas suelen decirte la hora local al aterrizar para que puedas ajustar tu reloj en consecuencia. O bien, gracias a la magia de la tecnología moderna, tu teléfono móvil cambiará automáticamente a la zona horaria correcta. Por ejemplo, al aterrizar en Nueva York procedente de Londres, habrá que atrasar el reloj cinco horas tras

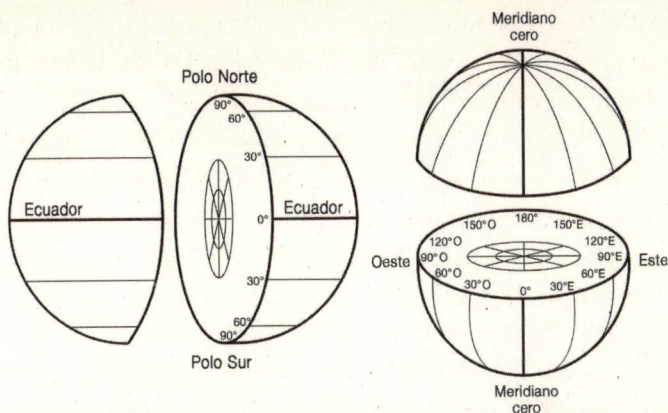

Latitud (izquierda) y longitud (derecha) en la Tierra.

haber variado la longitud 75° en dirección oeste (lo que equivale más o menos al 20% de una vuelta completa a los 360° de la Tierra, es decir, más o menos el 20% de un día de 24 horas, que son 4,8 horas). Conocer el huso horario es, pues, la clave para calcular la longitud, y en el siglo XVII los gobiernos, reyes y reinas eran muy conscientes de ello.

El problema era que no tenían forma de saber la hora en dos lugares distintos a la vez. En condiciones ideales, pondrías un reloj en hora en Lisboa al iniciar el viaje transatlántico e irías constatando cómo el momento en que el Sol alcanzaba su punto máximo al mediodía se atrasaba más cada día según lo que marcaba el reloj. Conocer la diferencia horaria entre el mediodía en el sitio en el que te encuentras y el mediodía en el lugar del que partiste te brinda tu «huso horario» y tu longitud. Pero los relojes mecánicos precisos no se inventarían hasta el siglo XVIII; en el XVII, los relojes de sol eran el único medio de saber la hora y solo indicaban la hora local con respecto al Sol, no con respecto al lugar de partida. Varios gobiernos y monarcas, desde el gobierno británico hasta el rey Felipe III de España, ofrecieron cuantiosos premios con la esperanza de que alguien pudiera resolver el problema y encontrar la manera de determinar la hora local en el mar.

Fueron Galileo y sus preciosas lunas de Júpiter las que proporcionaron el primer rayo de esperanza. Al igual que nuestra Luna, que orbita la Tierra cada veintiocho días como un reloj, las lunas de Júpiter orbitan con esa misma precisión de reloj cósmico. Las cuatro mayores lunas «galileanas» de Júpiter pueden verse con unos simples prismáticos modernos (se necesitan unos 15 aumentos), y fueron estas las que Galileo observó meticulosamente, registrando el tiempo que tardaba cada una en completar una órbita alrededor de su planeta. Un punto de referencia útil era el momento en que cada luna desaparecía detrás de Júpiter y reaparecía por el otro lado, es decir, el tiempo durante el que, desde nuestra perspectiva, Júpiter las eclipsaba. Estos eclipses eran extremadamente predecibles; la luna más interna, Ío, orbita Júpiter cada cuarenta y dos horas (poco menos de dos días terrestres), lo que permitía elaborar gigantescas tablas con predicciones de la hora exacta en la que Júpiter eclipsaría a Ío, pongamos por caso, en París.

La idea de Galileo era que, si podías observar la hora del eclipse desde dondequiera que te hallaras en el mar y compararla con la hora en la que se preveía que tenía lugar en el huso horario de París, podrías determinar tu longitud. Se lo propuso al rey de España en torno a 1616 y me imagino que el entusiasmo sería palpable. Sin embargo, había dos problemas. Para empezar, las predicciones de Galileo no eran lo bastante precisas. Si tu estimación del tiempo que Ío tarda en orbitar Júpiter tiene un error ni que solo sea de unos minutos, ese error se acumula muy deprisa en el plazo de unas semanas, y no hablemos ya de los meses que se requerían para cruzar el Atlántico. En segundo término, Galileo, que era científico y no marino, no previó lo engorroso que resultaba intentar observar Júpiter con un telescopio en un barco a merced de las olas. Como cabría esperar, el rey de España no se mostró muy dispuesto a conceder a Galileo el premio en metálico.

Sin embargo, aunque el método de Galileo se descartó rápidamente por ser poco práctico para los viajes por mar, aún podía funcionar en tierra, donde los cartógrafos también clamaban por una forma más precisa de determinar la longitud. Solo se necesitaban predicciones más exactas de los momentos en que se producían los eclipses. En 1676, Ole Rømer y Giovanni Cassini intervinieron para salvar la situación. Rømer[34] era un astrónomo danés que trabajaba como ayudante de Cassini en el Observatorio de París, donde ambos retomaron el trabajo de Galileo y determinaron los tiempos transcurridos entre eclipses con un alto grado de precisión. El problema era que la cifra obtenida variaba de un mes a otro: observaron que el tiempo transcurrido entre dos eclipses se iba acortando cada vez más a medida que la Tierra se acercaba a Júpiter en su órbita alrededor del Sol, y se alargaba conforme se alejaba de él.

La explicación que se le ocurrió a Cassini fue que la luz del eclipse tenía que recorrer una mayor distancia a medida que la Tierra se alejaba de Júpiter y, en consecuencia, la velocidad de la luz no era infinita. Cassini dio a conocer esta explicación al mundo científico en 1676, pero él mismo se mostraba bastante escéptico al respecto y siguió planteando otras posibilidades. En cambio, Rømer, firmemente convencido de la idea, se propuso demostrarla ideando una forma de predecir los momentos en los que se producía el eclipse de Ío basándose en las posiciones relativas de la Tierra y Júpiter. Centrándose, pues, en la geometría (en lugar de intentar medir la velocidad de la luz), calculó que el retardo observado en el eclipse dependía

---

34. Como dato curioso, añadamos que Rømer también inventó lo que hoy conocemos como el termómetro moderno, que indica la temperatura entre el punto de congelación y el de ebullición del agua.

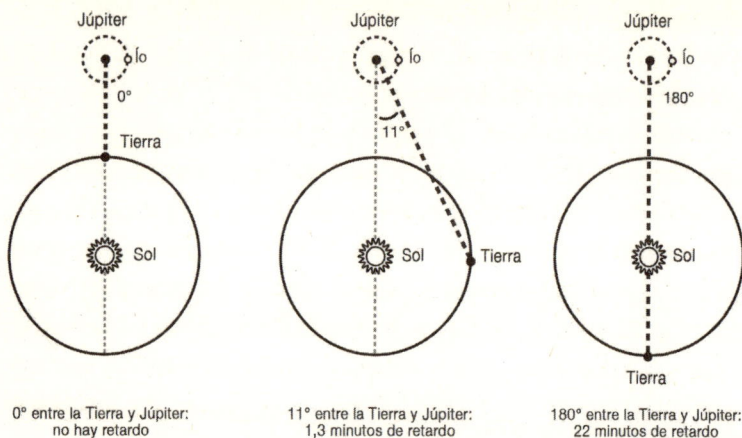

Júpiter	Júpiter	Júpiter

0° entre la Tierra y Júpiter: no hay retardo

11° entre la Tierra y Júpiter: 1,3 minutos de retardo

180° entre la Tierra y Júpiter: 22 minutos de retardo

El retardo de los eclipses de Ío por parte de Júpiter obedece a las posiciones relativas de Júpiter y la Tierra. Si conocemos el ángulo entre ambos, podemos calcular el retardo, debido a la distancia adicional que debe recorrer la luz.

del ángulo entre Júpiter y la Tierra. El retardo máximo era de veintidós minutos, que correspondía al momento en que la Tierra y Júpiter se hallaban a mayor distancia (en un ángulo de 180°), y se reducía según la fracción del ángulo a medida que se acercaban.

Rømer necesitó ocho años de cuidadosas observaciones para calcular este retardo temporal, pero ello le permitió formular predicciones exactas del eclipse a fin de poder calcular la longitud. Eso era lo que a él le importaba, no determinar la velocidad de la luz. Aunque creía que sus observaciones demostraban que la velocidad de la luz no era infinita, de hecho nunca llegó a utilizarlas para calcular una cifra concreta. Y es aquí donde entra en escena Christiaan Huygens, un astrónomo holandés que tomó los datos de Rømer y los usó para publicar su *Tratado sobre la luz* en 1690. En él dio el salto conceptual que, partiendo del retardo máximo de veintidós minutos de los eclipses de Ío, le llevó a deducir que la luz tardaba esos veintidós minutos en recorrer el diámetro de la órbita de la Tierra alrededor del Sol, un hecho que, según dijo, le hacía a uno «reconocer la extrema velocidad de la luz».

Por entonces todavía no se conocía el diámetro de la órbita terrestre en términos absolutos; solo se medía en relación con el diámetro de la Tierra. De manera que Huygens calculó que la velocidad de la luz era de 16 2/3 diámetros terrestres por segundo (más de 600.000 veces la velocidad del sonido). Esto equivale a 212.000.000 m/s. La medición de Huygens se quedó algo corta (debido a las imprecisiones en el cálculo del tamaño relativo de la órbita terrestre en relación con el tamaño de la Tierra); el valor moderno de la velocidad de la luz es de 299.792.458 m/s,[35] por lo que puede decirse que acertó con un margen de error de alrededor de un 30 %. Su medición constituye un verdadero hito en la historia de la ciencia, en tanto marcó la primera vez que la humanidad medía una constante universal (un valor que es invariable en todo el universo).

Por supuesto, Huygens no era consciente de ello en aquel momento, como tampoco lo sabrían la multitud de científicos que vinieron después y, durante los dos siglos siguientes, perfeccionaron la medición para hacerla cada vez más precisa. Habría que esperar a principios del siglo XX, con la entrada en escena de nuestro viejo amigo Albert Einstein, para entender *por qué* la velocidad de la luz era tanto una constante universal como el límite de velocidad finito de todo lo que existe en el universo. Todo se reduce a la ecuación más famosa de Einstein: $E = mc^2$ (que se lee «E es igual a mc al cuadrado»), que, si lo re-

---

35. Esta es hoy una definición de la velocidad de la luz, no una medición. La velocidad de la luz es una constante universal, pero el metro es una creación humana cuya longitud es completamente arbitraria. De modo que ya no medimos la velocidad de la luz, sino que la hemos definido como 299.792.458 m/s, y, en su lugar, medimos la longitud de un metro con la máxima precisión.

cuerdas de antes, significa que la energía y la masa son *equivalentes*, es decir, son una misma cosa. Pero en realidad esta es una versión simplificada de la ecuación completa, que corresponde a un caso especial en el que los objetos no se mueven. Si algo se mueve, la ecuación completa pasa a ser esta:

$$E^2 = m^2 c^4 + p^2 c^2$$

En esta ecuación, p es el *momento*. Este nos da básicamente la medida de cuánta masa hay y cuánto se mueve. Cuanto mayor sea el momento, más difícil será detener el movimiento. Para los objetos cotidianos normales, el momento es la masa multiplicada por la velocidad (que tiene en cuenta lo rápido que se mueve un objeto y la dirección en que lo hace). Así que, por lo general, para incrementar el momento —y, por lo tanto, la cantidad de energía total—, tienes que aumentar la velocidad. Esto va de maravilla para las velocidades en la Tierra: pones un poquito más de energía, y tu velocidad aumenta proporcionalmente.

Pero la ecuación de Einstein trata de «velocidades relativistas», es decir, aquellas cercanas a la velocidad de la luz en las que empiezan a ocurrir cosas extrañas en nuestra percepción del tiempo y el espacio. El momento a estas velocidades es, de nuevo, más complejo que a las velocidades normales, hasta el punto de que, al acercarnos a la velocidad de la luz, el momento deja de aumentar de manera proporcional. En lugar de ello, empieza a hacerlo de forma exponencial. Al 99,99 % de la velocidad de la luz, el momento de un objeto es 70 veces el valor que normalmente cabría esperar. A la velocidad de la luz, un objeto tiene un momento infinito.[36]

36. En lugar de $p = mv$, aquí nuevamente la ecuación pasa a ser otra: $p = \dfrac{mv}{\sqrt{1-\frac{v^2}{c^2}}}$. Para las velocidades ordinarias, v^2/c^2 termina siendo una cifra extremadamente baja, de modo que el denominador de la fracción acaba siendo 1 y recuperamos la ecuación normal $p = mv$. Pero para las velocidades cercanas a la de la luz se

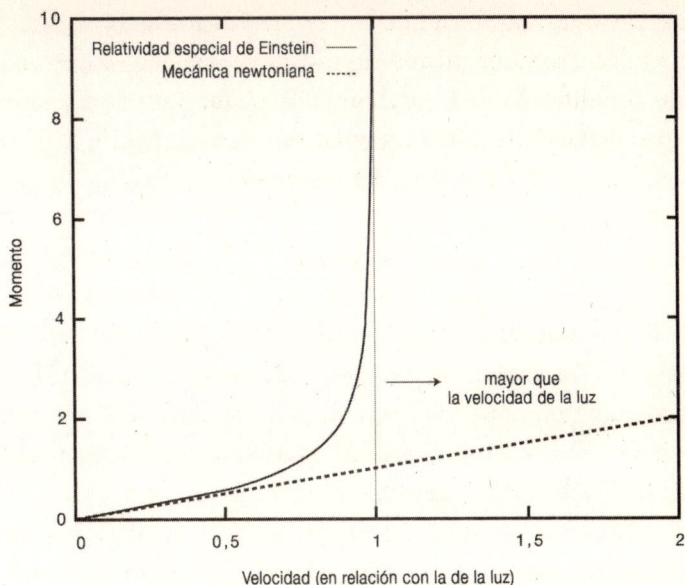

10

Relatividad especial de Einstein ———
Mecánica newtoniana ·······

8

6

Momento

4

→   mayor que
la velocidad de la luz

2

0

0   0,5   1   1,5   2

Velocidad (en relación con la de la luz)

La diferencia entre el momento en la relatividad especial de
Einstein y el de los objetos cotidianos según la mecánica newtoniana.
El gráfico muestra por qué no se puede superar la velocidad de
la luz, dado que el momento y la energía tienden a infinito.

Esto no solo vale para el momento, sino para todas las demás propiedades de un objeto, incluida la energía cinética, o
energía de movimiento, cuando este se acerca a la velocidad
de la luz. Y tal como nos dice $E = mc^2$, energía y masa son en
principio una misma cosa. Por lo tanto, si la energía de un objeto se dispara hacia infinito conforme se aproxima a la velocidad de la luz, también lo hace su masa. De manera que, cuanto
más rápido te desplazas, más masivo te vuelves; y al acercarte
a la velocidad de la luz tu masa se acerca a infinito. No existe

———
acaba teniendo que dividir por una pequeña cifra, incrementando así el momento. Y cuando $v = c$, terminamos dividiendo por cero y obteniendo un momento
infinito.

un número mayor que infinito. Si te desplazas a una velocidad cercana a la de la luz, añadir más energía para intentar ir más rápido aumentará tu energía y tu masa, pero no tu velocidad. Por eso nada puede ir más deprisa que la velocidad de la luz, y por eso 299.792.458 m/s es el límite máximo de velocidad en todo el universo.

Este límite de la velocidad de la luz es la razón por la que existen los agujeros negros; la razón por la que son «negros». Si la velocidad de la luz fuera infinita, podríamos ver el aspecto que tendría un agujero negro, en el que toda esa materia está aplastada y contenida. En lugar de esto, la luz queda atrapada porque la velocidad de escape del agujero negro es mayor que la velocidad de la luz. Todos los objetos con masa del universo tienen su propia velocidad de escape, es decir, la velocidad a la que habría que desplazarse para escapar a la atracción gravitatoria de ese objeto. La Tierra tiene una velocidad de escape que, por desgracia, es mucho mayor que la velocidad a la que podemos saltar o lanzar una pelota, haciendo bueno el viejo dicho de «todo lo que sube tiene que bajar». De ahí que los cohetes tengan que quemar una cantidad exorbitante de combustible para acelerar a una velocidad que les permita escapar por completo de la atracción gravitatoria de la Tierra con el fin de impulsarse hacia el Sistema Solar. La velocidad de escape depende de la masa del objeto en cuestión y de la distancia a la que nos encontremos del centro de dicho objeto; así, la velocidad de escape en la superficie de la Tierra es de unos 11,2 km/s (33 veces la velocidad del sonido), mientras que en la superficie de la Luna es mucho menor, en torno a 2,4 km/s.

En el caso de un agujero negro, no hay nada en el universo que pueda superar su velocidad de escape, ni siquiera la propia luz. Eso significa que nunca observaremos cómo son realmente los agujeros negros, sino solo su influencia en los objetos que los rodean debido a su extrema gravedad. Sin embargo, mientras la luz no se acerque demasiado a un agujero negro, su trayectoria a través del espacio puede desviarse hasta un grado extremo, como la luz de las estrellas distantes durante uno de los eclipses solares observados por Eddington, pero elevado a la enésima potencia.

En ese momento ya no puedes fiarte de lo que ven tus ojos, porque el agujero negro ha interferido con la luz. En 2021, los astrónomos llegaron a detectar luz procedente de *detrás* de un agujero negro. Imagina por un momento que me subo a una nave espacial con este libro, viajo a la cara oculta de la Luna y me escondo donde yo no pueda ver la Tierra ni tú puedas verme a mí. Imagina que abro el libro por esta página y lo ilumino con una linterna. Y, por último, imagina que la Luna fuera tan masiva que la luz reflejada en esta página se desplazara en una trayectoria curva alrededor de la Luna y llegara a la Tierra de manera que todavía pudieras detectarla y leer estas líneas. Eso es lo que puede hacer un agujero negro: manipular la luz para permitirte echar un vistazo a cosas que no deberías poder ver.

5

Una cucharadita de neutrones ayuda a colapsar a la estrella

La receta para hacer un agujero negro es en teoría muy sencilla, pero en la práctica bastante difícil. Básicamente, vierte suficiente materia en un espacio lo bastante pequeño, aplástala, y *voilà!*: tendrás un agujero negro. Ahora bien, aunque no puedo hablar en nombre de todos, mis enclenques brazos de fideo no son lo bastante fuertes como para aplastar de ese modo la materia, e imagino que los tuyos tampoco. Estoy segura de que incluso los más afamados veteranos del mundo de las recetas, como Mary Berry, tendrían problemas para llevar esta a la práctica.

Por suerte para nosotros,[37] hay procesos en el universo que pueden seguir esta receta de manera relativamente fácil gracias a la gravedad. Por muy molesto que nos resulte que esta nos mantenga secuestrados aquí en la Tierra, también hemos de agradecerle nuestra propia existencia. En esencia, a la gravedad le gusta agrupar las cosas, ya sean dos pequeñas partículas fundamentales o dos grandes trozos de roca. La fuerza que gobernó el universo primitivo y nos dio las primeras estructuras a partir de diminutos átomos de hidrógeno es la misma que con-

---

37. No me cabe duda de que muchos lectores cuestionarán mi uso de la palabra *suerte* en este contexto.

virtió una masa aleatoria de gas en las afueras de la Vía Láctea en nuestro Sistema Solar: la Tierra junto con todo lo demás.

Al principio del universo se formaron el espacio, el tiempo y los componentes básicos de la materia: protones, neutrones y electrones. A la larga, cuando el universo se había enfriado lo suficiente desde su caliente y denso estado inicial, esos componentes se unieron para formar átomos, la mayoría de los cuales eran átomos de hidrógeno. Prácticamente era todo lo que había; de ahí que se hable del universo primitivo como una «sopa de hidrógeno», dado que nada describe mejor que una sopa la anodina uniformidad de todo aquello. Pero aquí está la trampa: técnicamente no era *tan* uniforme. En las primeras fracciones de segundo de vida del universo, diminutas fluctuaciones cuánticas aleatorias hicieron que algunas de sus partes fueran más densas y otras más enrarecidas. A medida que el universo se expandía, esas pequeñas fluctuaciones cuánticas crecieron como ondas en un estanque, lo que hizo que se formara más hidrógeno en unos lugares que en otros.

Las zonas que ya eran ligeramente más densas, con un poquito más de hidrógeno, empezaron a agruparse poco a poco y a atraer más hidrógeno. Y poco a poco, a lo largo de unos cientos de millones de años, se aglutinó el suficiente hidrógeno como para que este se calentara y adensara hasta el punto de que sus átomos se fusionaran y formaran átomos de helio: así nacieron las primeras estrellas. Si esto fuera una receta, diríamos que el universo sacó todos los ingredientes de la alacena, las fluctuaciones cuánticas y la gravedad se encargaron de mezclarlos, y, por último, las primeras estrellas empezaron a cocinarlos. Cuando las primeras estrellas se quedaron sin combustible, las supernovas llenaron el espacio de elementos más pesados, como carbono, nitrógeno, oxígeno y hierro, contaminando el prístino hidrógeno gaseoso con lo que los astrónomos denominan *polvo*. Ese gas «polvoriento» fue reciclado a su vez por la gravedad para formar la siguiente generación de estrellas, en un ciclo de aglomeración gravitatoria, fusión y nueva contaminación de supernovas.

Con el tiempo, tras la existencia de varias generaciones de estrellas en una determinada región del universo, llegó a haber suficiente cantidad de polvo para que la gravedad empezara a aglutinarlo y diera lugar a objetos sólidos que podríamos reconocer como grumosos asteroides en torno a las estrellas recién formadas. Si la gravedad seguía su curso, esos irregulares trozos de roca continuaban agrupándose para formar planetas, lunas y sistemas estelares enteros como nuestro Sistema Solar. Por desgracia para nosotros, nuestro Sistema Solar no está destinado a convertirse en un agujero negro. El Sol dejará tras de sí un núcleo integrado por una desordenada mezcla de helio, carbono y oxígeno, que brillará como el moribundo rescoldo de un fuego; llamamos a eso *enana blanca*.

Pero ¿qué impide que una enana blanca se colapse y se convierta en un agujero negro? De hecho, ¿qué impide que cualquier estrella se colapse y forme un agujero negro tras dar origen a una supernova? Sin fusión, seguramente ya no queda nada que detenga el inexorable aplastamiento gravitatorio que ha dado forma al resto del universo que nos rodea. Para averiguar por qué no todas las estrellas se convierten en agujeros negros, debemos comprender una vez más el mundo de lo muy pequeño: de los átomos, formados a su vez por protones, neutrones y electrones.

La cuestión de cuáles son los componentes básicos que integran todo lo que existe en el universo es una de las que los seres humanos llevamos planteándonos desde que aprendimos a plantearnos cosas. La idea básica de que todo podría estar formado por partículas diminutas e indivisibles es muy vieja y se encuentra ya en numerosas culturas antiguas, desde la India hasta Grecia. Estas partículas se denominaron *átomos*, del griego *átomos*, que significa 'que no se puede cortar'; es decir, que se considera el componente básico de toda la materia y, como tal, es indivisible. No hay nada por debajo de un átomo.

Esta idea, la de que el átomo no podía dividirse, impregnó las mentes tanto religiosas como científicas hasta finales del siglo XIX, cuando un descubrimiento la hizo tambalearse. En 1897, el físico británico Joseph John «J. J.» Thomson estaba experimentando con los denominados rayos catódicos en el Laboratorio Cavendish de la Universidad de Cambridge. Los rayos catódicos se generan cuando dos varillas metálicas, una con carga positiva y la otra con carga negativa, se colocan en un contenedor en el que se ha hecho el vacío (es decir, un espacio del que se han extraído todas las moléculas de aire). Suelen ser tubos de vidrio, y, si se deja un poquito de aire dentro, puede verse un ligero resplandor causado por los rayos catódicos al desplazarse de la varilla negativa a la positiva. Estos tubos de rayos catódicos, que se asemejan un poco a los modernos letreros luminosos de neón, se montaron durante todo el siglo XX en la parte trasera de los antiguos televisores, donde desempeñaban la función de generar las imágenes que aparecían en la pantalla.

Thomson intentaba averiguar de qué estaban hechos los rayos catódicos. El ligero resplandor que desprendían debía de producirse cuando *algo* chocaba con las moléculas del vidrio, haciendo que emitieran luz. Pero ¿qué era ese algo? Thomson decidió intentar medir la masa de lo que fuera que conformara los rayos catódicos, y se sorprendió al descubrir que sus partículas individuales eran más de 1.000 veces más ligeras que un átomo de hidrógeno, presuntamente el átomo «indivisible» más ligero conocido. Es más: descubrió que, con independencia del tipo de varilla metálica que utilizara para generar los rayos catódicos, la masa de las partículas que los conformaban nunca variaba: su masa era la misma fuera cual fuese el tipo de átomo del que procedieran. Concluyó que la única explicación posible era que los rayos catódicos estaban integrados por unas partículas muy pequeñas con carga negativa (dado que se desplazaban de la varilla negativa a la positiva), que constituían un componente básico universal de todos los átomos. Eran, pues, partículas *subatómicas*. Finalmente el átomo se había dividido.

Lo que Thomson había descubierto era el electrón (aunque en un primer momento él lo llamó *corpúsculo*, un nombre que me alegro de que no haya cuajado) y, con ello, redefinió nuestra concepción de los átomos.[38] Ya no eran indivisibles: estaban formados por partículas aún más pequeñas, como los electrones; pero ¿qué más? Se sabía que los átomos eran neutros, por lo que Thomson razonó que también debían de contener algo que tuviera una carga positiva. En 1904 postuló el que daría en llamarse el *modelo del pudín de pasas*: una esfera de materia con carga positiva en cuyo interior se encontrarían «incrustados» los electrones, como las pasas en un pudín.

Por delicioso que resultara imaginarlo acompañado de natillas, el modelo del pudín de pasas no resistió la prueba del tiempo y, antes de que transcurriera una década, otro modelo vendría a reemplazarle. Sería uno de los protegidos del propio Thomson, el físico neozelandés Ernest Rutherford,[39] quien encontraría las pruebas que refutarían el modelo del pudín de pasas. Rutherford había estado trabajando con Thomson en el

38. Hay una placa conmemorativa del descubrimiento de Thomson en el exterior del antiguo edificio del Laboratorio Cavendish de Cambridge, donde se hizo el descubrimiento. Está en Free School Lane, justo en el centro de la población, una callejuela modesta, pero típica de una ciudad universitaria, que merece la pena visitar.

39. Un dato curioso: la hija de Rutherford, Eileen Mary Rutherford, se casó con el físico Ralph Fowler, que fue quien comprendió las implicaciones del hecho de que la ionización de los gases estuviera vinculada a su absorción en las estrellas. Volveremos con él más adelante en este mismo capítulo.

Laboratorio Cavendish en 1897, cuando este último descubrió el electrón, pero luego Rutherford pasó a centrar su atención en el reciente descubrimiento de Henri Becquerel (en 1895) de las extrañas propiedades del uranio, y, como Marie Curie, se propuso investigar más a fondo en esa línea. Fue Rutherford quien acuñó el término *semivida* en relación con los elementos radiactivos, al descubrir que el tiempo que tardaba en desintegrarse la mitad de una muestra de material radiactivo era siempre el mismo, lo que proporcionaría a los geólogos la información que necesitaban para averiguar la edad de la Tierra.

En 1907, Rutherford se trasladó a la Universidad de Mánchester, donde siguió estudiando las emisiones de los elementos radiactivos al desintegrarse. Ya había identificado tres tipos diferentes de radiación, que denominó *alfa*, *beta* y *gamma* (de ahí el nombre de los rayos de luz gamma), y también había demostrado que, cuando se produce la desintegración, el átomo se transforma espontáneamente en otro tipo de átomo distinto (es decir, en otro elemento). Ello le valió el Premio Nobel de Física en 1908. Sin embargo, tras obtener el máximo galardón al que podía aspirar, Rutherford no bajó el ritmo, y fue en los años posteriores cuando llevó a cabo el que sería su trabajo más conocido, sobre la naturaleza de la radiación alfa.

Trabajando conjuntamente con el físico alemán Hans Geiger (famoso por el contador que lleva su nombre, un dispositivo para contar partículas radiactivas), descubrió que la radiación alfa estaba formada por partículas con una carga dos veces superior a la del átomo de hidrógeno. Luego, en colaboración con el físico británico Thomas Royds (un alumno de la Universidad de Mánchester nacido en Oldham, cerca de allí), consiguió demostrar que se podía producir helio utilizando partículas alfa; hoy sabemos que estas últimas son átomos de helio despojados de sus electrones, lo que explica su carga positiva. Para entenderlo mejor, Rutherford se propuso medir la proporción entre la carga y la masa de las partículas alfa (así había sido también como Thomson había descubierto anteriormente la naturaleza del electrón). Para ello, hizo que las partículas alfa atravesaran un campo magnético y midió su grado de desviación (cuanto mayor es la carga, mayor es la desviación; pero cuanto más pesada es la masa, más se resistirá a esta). El problema era que las partículas no dejaban de chocar con las moléculas de aire que se interponían en su camino, dispersándose como lo hacen las bolas en un saque de billar, lo que hacía que la medición no fuera fiable.

Thomson se había encontrado exactamente con el mismo problema cuando medía la proporción entre la carga y la masa de un electrón, y lo había resuelto realizando todo el experimento en un vacío perfecto (es decir, eliminando por completo el molesto aire que se interponía en las mediciones). Rutherford no creía que tuviera que hacer lo mismo, puesto que las partículas alfa eran mucho más pesadas que los electrones (unas 4.000 veces más) y, en el modelo atómico del pudín de pasas de Thomson, la materia de la esfera con carga positiva no estaba lo bastante concentrada como para poder desviar una partícula tan pesada.

Rutherford decidió investigar meticulosamente aquella dispersión, con la ayuda una vez más de Hans Geiger y del físico británico-neozelandés Ernst Marsden.[40] Juntos, dispararon partículas alfa contra finas láminas de pan de oro en el vacío y registraron dónde acababan las partículas. La inmensa mayoría atravesaban limpiamente las láminas, pero una pequeña fracción de ellas se desviaban. La mayor parte de estas últimas lo hacían en pequeños ángulos, pero a su vez también una pequeña fracción de ellas se desviaban tanto que llegaban a dar

40. Marsden nació en Gran Bretaña, pero vivió la mayor parte de su vida en Nueva Zelanda. Rutherford hizo lo contrario: nacido en Nueva Zelanda, vivió la mayor parte de su vida en el Reino Unido.

un giro de ciento ochenta grados, volviendo de nuevo al punto desde donde se habían disparado.

Con esta nueva información, en 1911 Rutherford llegó a la conclusión de que la única forma de explicar lo que habían descubierto era que la carga positiva del átomo se concentraba en una minúscula sección situada justo en el centro y orbitada por electrones con una masa mucho menor. En su modelo, el 99 % del átomo era espacio vacío, lo que permitía a la mayoría de las partículas alfa atravesar limpiamente la lámina de átomos de oro. Rutherford continuó sus experimentos con átomos y en 1920 había descubierto que el átomo de hidrógeno, dado que era el más ligero posible, debía de tener un núcleo formado por otra partícula subatómica básica, a la que denominó *protón*.

Este cambio de paradigma en lo referente a la estructura del átomo —de considerarlo indivisible a concebirlo como integrado a su vez por otras partículas, dispuestas casi como el propio Sistema Solar— marcó el inicio del que sería uno de los mayores avances que ha experimentado la humanidad en su conocimiento del mundo, que iría desde la comprensión de la tabla periódica y el fundamento de las reacciones químicas más comunes hasta la creación de la nueva disciplina de la mecánica cuántica.

Justamente mientras trataba de entender la estructura de la tabla periódica, el físico danés Niels Bohr (otro Premio Nobel) ideó su modelo del átomo, en el que los electrones podían orbitar en torno al centro en distintas «capas», que resultaban ser estables cuando se llenaban con un determinado número de electrones (a veces dos, o a veces ocho, según la posición de la capa). Este modelo era el fruto de experimentos químicos más que de planteamientos teóricos, puesto que se constató que los elementos con un número par de electrones eran más estables que aquellos en los que dicho número era impar.

Fue el físico austriaco Wolfgang Pauli quien asumió la tarea de hallar la explicación teórica: ¿qué tenía de especial que hubiera dos u ocho electrones en una misma órbita? Pauli fue uno de los pioneros de la física cuántica. Su padre era químico; su hermana, escritora y actriz, y su padrino, el incomparable Ernst Mach (a quien debemos el nombre de la unidad —mach— con la que medimos las velocidades supersónicas). Rodeado de semejantes superdotados, apenas puedo imaginar la presión que debía de sentir Pauli para triunfar en la vida. Y ciertamente lo logró; si no sabes de quién estoy hablando, déjame que te diga esto: Einstein propuso a Pauli para el Premio Nobel, que en efecto se le concedió.[41]

En 1925, Pauli se dedicó a profundizar en la forma en que la mecánica cuántica describe los electrones y dedujo que todos los elementos de la tabla periódica podían explicarse empleando solo cuatro propiedades cuánticas de los electrones que definen su «estado»: energía, momento angular, momento magnético y espín. La regla era que en un átomo no podían coincidir dos electrones con los mismos valores para estas cuatro propiedades. Es lo que se conoce como *principio de exclusión de Pauli*, cuyo enunciado es básicamente que no puede haber dos electrones en el mismo estado cuántico (es decir, cuyas cuatro propiedades cuánticas tengan los mismos valores). Por eso cada elemento de la tabla periódica es único: porque los electrones de sus átomos tienen configuraciones específicas, defini-

41. También lleva su nombre el llamado *efecto Pauli*, por el que los aparatos técnicos parecen romperse en presencia de ciertas personas. Hubo muchas anécdotas de colegas físicos que se quejaban de que sus demostraciones siempre fallaban cuando Pauli andaba cerca. Se dice que el físico germano-estadounidense Otto Stern incluso llegó al extremo de prohibir a su amigo Pauli entrar en su laboratorio. Quizá debería haber mencionado el efecto Pauli cuando tuve que explicarle a mi profesor de química de la División Femenina de la Escuela Bolton por qué los matraces y vasos de precipitados siempre acababan rotos después de que yo los utilizara en su clase.

das por la mecánica cuántica, que no se repiten en ningún otro elemento. Pauli descubrió esta sencilla regla, que explicaba no solo la estructura de todos los átomos, sino también por qué unos son más estables que otros. Debido a ello, a los físicos les gusta bromear diciendo que toda la química puede explicarse en una sola página de mecánica cuántica, para tremenda frustración de los químicos de todo el mundo.

Lo que implica el principio de exclusión de Pauli para la astrofísica es que, si aplastamos un montón de electrones mediante la gravedad, estos se resistirán a ser aplastados, dado que no tienen ningún estado cuántico inferior al que ir en tanto otros electrones ya han ocupado esos estados; dicha resistencia se conoce como *presión de degeneración de los electrones*. En 1926, el astrónomo británico Ralph Fowler[42] recurrió a este nuevo descubrimiento de la mecánica cuántica para resolver un problema planteado desde hacía varias décadas: el de las densidades de las estrellas enanas blancas. Vio que las enormes densidades de las enanas blancas, de alrededor de 1.000 millones de kg/m^3 (a modo de comparación, digamos que la densidad del agua es de 1.000 kg/m^3), podrían explicarse si la gravedad hubiera aplastado la materia estelar hasta el punto de que los electrones empezaran a ejercer una fuerza de resistencia en sentido contrario. Sin embargo, como ocurre con muchos problemas científicos, la resolución de este dio lugar a otras muchas preguntas. Por ejemplo, si había un punto en el que la presión de degeneración de los electrones ya no era capaz de resistir ese

42. Si lo recuerdas, se trata del que se casó con Eileen Rutherford (no confundir con William Fowler, famoso por el artículo B^{2}FH; véase el capítulo 2). Ralph Fowler fue uno de los muchos físicos del siglo XX que se vieron envueltos en la Primera Guerra Mundial; sirvió en la Real Artillería de Marina del ejército británico. Sufrió una herida en el hombro durante la campaña de Galípoli, después de la cual dedicó su talento para la física al estudio de la aerodinámica de giro de los proyectiles antiaéreos.

aplastamiento gravitatorio. O en términos más sencillos: ¿cuál era la masa máxima de una enana blanca?

Fue el astrofísico indio Subrahmanyan Chandrasekhar quien resolvió esta última cuestión. Chandrasekhar, otro superdotado, escribió su primer artículo de investigación científica a los diecinueve años, durante sus estudios de licenciatura en la Universidad de Madrás. Se lo envió a Ralph Fowler, que estaba en el Trinity College de Cambridge, y este se apresuró a invitarle a hacer un doctorado en su universidad (afortunadamente, el gobierno indio le concedió una beca para cursar estudios de posgrado). Fowler ya había intentado determinar cuál podría ser el límite de la masa de una enana blanca, pero Chandrasekhar, en su viaje de la India al Reino Unido, se dio cuenta de que el trabajo de Fowler requería algunos ajustes relacionados con la teoría de la relatividad especial de Einstein; concretamente, con el hecho de que los electrones adquirían tal cantidad de energía que su masa empezaba a aumentar. Apenas puedo imaginar la reacción de Fowler cuando se presentó su nuevo estudiante de posgrado con la noticia de que ya había resuelto el problema en el que él llevaba años trabajando. Mientras cursaba su doctorado, el astrofísico indio revisó diligentemente su teoría para brindarnos el que hoy conocemos como *límite de Chandrasekhar para la masa de las enanas blancas*: 1,44 veces la masa del Sol.[43]

Sin embargo, el límite postulado por Chandrasekhar no fue bien recibido por la comunidad astronómica de la época debido a sus implicaciones. Arthur Eddington (el Gran Nombre de la Física que había deducido que las estrellas solo podían obtener su energía de la fusión nuclear antes de que hubiera prue-

---

43. En su primer artículo sobre el límite, publicado en 1931, Chandrasekhar había concluido incorrectamente que este era 0,910 veces la masa del Sol. Un bonito recordatorio de «el que la sigue la consigue».

bas de ello) se mostró especialmente contundente al respecto. Eddington también estaba en Cambridge cuando Chandrasekhar completó su doctorado, antes de ser elegido miembro del Trinity College en 1933, con solo veintitrés años. El británico, que tenía cincuenta y uno, y era un eminente profesor de prestigio internacional, utilizó su influencia para convencer a sus colegas de que la idea de que la masa de una enana blanca tuviera un límite era absurda. Incluso llegó al extremo de presentarse inmediatamente después de Chandrasekhar en una reunión de la Real Sociedad Astronómica de Londres celebrada en 1935, afirmando que la teoría del científico indio era incompleta en tanto recurría a dos ramas distintas de la física: la relatividad y la mecánica cuántica (un argumento que rechazaría el propio Pauli).[44] Eddington sostenía que, de haber una teoría de la relatividad cuántica, las ecuaciones respaldarían *su* postulado de que las enanas blancas eran la última etapa en la evolución de las estrellas. En aquella reunión pronunció una frase que se haría célebre: «¡Creo que debería haber una ley de la naturaleza que impidiera que una estrella se comportara de forma tan absurda!».

Como académico más veterano, a Eddington se lo tomaron más en serio que a Chandrasekhar, y este tuvo que luchar durante nada menos que dos décadas para que se aceptara su teoría. No obstante, tanto Chandrasekhar como Fowler acabarían recibiendo el Premio Nobel en 1983 (¡me encantan los finales felices!). En cualquier caso, aparte de que sus propias

---

44. Eddington actuó de forma académicamente brutal; las actas de esta reunión concreta de la Real Sociedad Astronómica de Londres parecen un auténtico culebrón. Muchos se han preguntado si el comportamiento de Eddington no estaría motivado por prejuicios raciales, pero hay historias similares de enfrentamientos científicos con otros investigadores noveles como Edward Arthur Milne (que estudió cómo cambia la temperatura en la atmósfera de las estrellas) y James Jeans (que sería uno de los fundadores de la cosmología moderna).

ideas sobre el colapso estelar se demostraran erróneas, ¿qué era lo que inquietaba tanto a Eddington? Él consideraba absurdo que hubiera un límite más allá del cual la materia de una enana blanca ya no pudiera resistir el aplastamiento gravitatorio, porque ¿qué demonios pasaría entonces?

Los temores de Eddington se disiparon durante unos años después de que James Chadwick descubriera el neutrón en 1932 (de nuevo en Cambridge, en el Laboratorio Cavendish),[45] completando así el triplete de los componentes básicos de toda la materia: electrones, protones y neutrones. Este descubrimiento llevó a Walter Baade y Fritz Zwicky (dos gigantes de la astronomía originarios de Alemania y Suiza respectivamente) a postular tan solo un año después, en 1933, la existencia de estrellas formadas íntegramente de neutrones. Con ello se brindaba una explicación para la siguiente etapa en la evolución de las enanas blancas, tras alcanzar una masa excesiva y colapsar por efecto de la gravedad.

Sin embargo, Baade y Zwicky tenían un objetivo distinto: explicar lo que queda después de una supernova. Las enanas blancas se forman cuando las estrellas se van apagando poco a poco, pero las explosivas supernovas requerirían otra explicación. Y ambos científicos afirmaban que esa explicación eran las estrellas de neutrones. Estas se sostendrían gracias a la presión de degeneración de los neutrones: al igual que la presión de los electrones sustentaba a las enanas blancas, las estrellas de neutrones se sostenían por la imposibilidad de que dos neutrones ocuparan el mismo estado cuántico, de nuevo según el principio de exclusión de Pauli.

Pero, como en el caso de las enanas blancas, surgió la inevitable cuestión de si la masa de una estrella de neutrones tenía un límite: una masa tan grande que la presión de degeneración

45. En serio, ¡¿qué *no* hicieron allí?!

de los neutrones no pudiera resistir el aplastamiento gravitatorio (ese concepto que a Eddington le parecía tan absurdo). Dos científicos de la Universidad de California en Berkeley, el físico estadounidense Robert Oppenheimer[46] y su entonces estudiante de doctorado, el físico ruso-canadiense George Volkoff, abordaron la cuestión basándose en los trabajos previos de Richard Tolman. En 1939 obtuvieron la primera estimación de lo que hoy se conoce como *límite Tolman-Oppenheimer-Volkoff para la masa máxima de una estrella de neutrones* (equivalente al límite de Chandrasekhar para las enanas blancas), más allá del cual —afirmaban— no existía ninguna ley física conocida que impidiera que una estrella colapsara hasta convertirse en un punto infinitesimal de densidad infinita.

Eddington y muchísimos otros seguían sin estar convencidos, dado que creían que el concepto de una estrella gravitacionalmente colapsada por completo (es decir, un agujero negro) era del todo ajeno a la física. Para empezar, porque todavía no se había descubierto ninguna estrella de neutrones, y, en segundo término, porque la idea de un agujero negro, o la posibilidad de una masa condensada en un punto infinitesimal, no eran más que meras curiosidades teóricas sobre las que les gustaba reflexionar a los matemáticos. A manera de especulación, podemos preguntarnos si, en el caso de que Eddington hubiera suscrito las ideas de Chandrasekhar y la aplicación del principio de exclusión de Pauli, no habría desempeñado un papel distinto en este capítulo, convirtiéndose quizá en el primer físico en predecir la existencia de un agujero negro, del mismo modo que predijo que el Sol debía de obtener su energía

46. Tristemente célebre por el Proyecto Manhattan, desarrollado durante la Segunda Guerra Mundial. Oppenheimer fue uno de los pocos que observaron la prueba Trinity en 1945, cuando se detonó la primera bomba atómica. Una vez más, el conocimiento de la física nuclear y de los neutrones tiene muchas aplicaciones diversas.

de la fusión nuclear. En lugar de ello, la comunidad astronómica terminaría aceptando a regañadientes la existencia de los agujeros negros, ya desaparecido Eddington, tras una serie de descubrimientos y observaciones realizados en la segunda mitad del siglo xx.

Primero, en 1967, en el Observatorio Radioastronómico Mullard de la Universidad de Cambridge, Jocelyn Bell,[47] una estudiante de doctorado que colaboraba con Antony Hewish, descubrió una misteriosa fuente de ondas de radio que emitía pulsos cada 1 1/3 segundos.[48] Al año siguiente se descubrió el mismo tipo de pulsos radioeléctricos repetitivos procedentes del centro de nuestra vieja amiga la nebulosa del Cangrejo (los restos de la supernova registrada por los astrónomos chinos en el año 1054). En 1970 se habían detectado una cincuente-

47. En 2018, Jocelyn Bell Burnell sería galardonada con el Premio de Física Fundamental (actualmente Breakthrough Prize), dotado con tres millones de dólares. Decidió donar todo el dinero a una beca destinada a «financiar a mujeres, minorías étnicas infrarrepresentadas y estudiantes refugiados para que se conviertan en físicos investigadores», lo que creo que sintetiza muy bien la maravillosa clase de persona que es Jocelyn. Cuando llegué a Oxford, en mi primer día como estudiante de doctorado, me dijeron que, si tenía alguna inquietud o interés que no pudiera hablar con mi supervisor o con la universidad, Jocelyn era la «defensora del pueblo» del departamento de astrofísica, y su puerta estaba siempre abierta para mantener una agradable charla. Solo puedo decir que se preocupa de verdad.

48. Antony Hewish recibió el Premio Nobel de Física en 1974 por su papel en este descubrimiento; compartió el galardón con Martin Ryle, en su caso por su trabajo pionero en radioastronomía. Existe una fuerte controversia en torno al hecho de que no se incluyera también a Bell Burnell, sobre todo porque el premio puede compartirse entre un máximo de tres personas y, en cambio, solo se dividió entre Hewish y Ryle. Sin embargo, la propia Bell Burnell declaró en 1977: «Creo que iría en menoscabo de los premios Nobel que se concedieran a estudiantes de investigación, salvo en casos muy excepcionales, y no me parece que este sea uno de ellos». Personalmente discrepo de Jocelyn en este punto: la visión retrospectiva y la historia de la ciencia nos han demostrado que su descubrimiento fue ciertamente uno de esos casos excepcionales

na de fuentes radioeléctricas pulsantes y la explicación predominante era que se trataba de estrellas de neutrones giratorias. Estos *púlsares*[49] eran la pieza que faltaba en el rompecabezas para comprender cómo terminan su vida las estrellas. Por desgracia, Eddington no vivió para ver el descubrimiento de las estrellas de neutrones (murió de cáncer a los sesenta y un años, en 1944),[50] pero el resto de la comunidad astronómica fue consciente de lo que implicaba ese descubrimiento: si las estrellas de neutrones eran reales, quizá los agujeros negros no fueran tan *antinaturales* como se había creído en un primer momento. En 1969, coincidiendo con el descubrimiento del púlsar por parte de Bell Burnell y Hewish, los físicos británicos Roger Penrose y Stephen Hawking publicaron un artículo con abundantes fórmulas matemáticas en el que demostraban que el colapso gravitatorio hasta un punto infinitesimal e infinitamente denso resultaba de hecho inevitable.

Todo ello culminó con la publicación, en 1972, de un artículo de la astrónoma australiana Louise Webster y el astrónomo británico Paul Murdin, que colaboraban juntos en el Observatorio de Greenwich investigando una misteriosa fuente de rayos X y ondas de radio llamada Cygnus X-1. Observando una estrella normal que se encontraba en la misma parte del cielo que Cygnus X-1, se dieron cuenta de que la luz procedente de dicha estrella exhibía lo que se conoce como *efecto Doppler*. Todos nosotros experimentamos regularmente el efecto Doppler

---

49. Según Bell Burnell, el término *púlsares* fue una invención del periodista científico Anthony Michaelis, del *Daily Telegraph*. Durante una entrevista, Michaelis sugirió que, dado que en aquella época se estaban intentando estudiar los cuásares (un acrónimo para referirse a objetos «cuasi estelares»), ¿por qué no abreviar también aquellos *objetos radioeléctricos pulsantes*, o *estrellas pulsantes*, y llamarlos simplemente *púlsares*? Y el nombre cuajó.

50. Henry Russell (el coautor del diagrama de Hertzsprung-Russell) se encargó de escribir su necrológica para el *Astrophysical Journal*.

en nuestra vida cotidiana. Cuando una ambulancia se acerca al lugar donde nos encontramos o se aleja de él, nuestros oídos perciben un cambio de tono en las ondas sonoras de la sirena, que se acortan a una menor longitud de onda (o mayor frecuencia) al acercarse y se alargan a una mayor longitud de onda al alejarse. Este efecto también es perceptible en los circuitos de carreras cuando los coches pasan disparados ante nuestra posición, o en los puentes de las autopistas con los vehículos que circulan por debajo a toda velocidad, y ocurre porque el sonido es un fenómeno de naturaleza ondulatoria, es decir, se propaga por ondas. Lo mismo pasa con la luz, por lo que sus ondas también pueden experimentar ese proceso de acortamiento y alargamiento. Cuando la longitud de onda se alarga, la luz se vuelve más roja (se habla entonces de *desplazamiento hacia al rojo*), y, cuando se acorta, se vuelve más azul (*desplazamiento hacia el azul*).

La estrella observada por Webster y Murdin alternaba entre ambos tipos de desplazamiento, con una periodicidad de 5,6 días. Esto ocurre cuando una estrella tiene una compañera, de manera que ambas orbitan una en torno a otra a la vez que lo hacen en torno a un centro de masas situado en algún punto del espacio vacío entre las dos. A partir del grado de desplazamiento de la luz se puede determinar la velocidad a la que la estrella orbita alrededor de su compañera y, en consecuencia, la masa de esta última; si, por ejemplo, es del tamaño de un planeta (así descubrimos muchos planetas del tamaño de Júpiter) o resulta ser *mucho* más masiva. Los científicos calcularon que la masa de la compañera de la estrella en cuestión (que no era visible) superaba el límite teórico de Tolman-Oppenheimer-Volkoff y, entonces, empezaron a sonar todas las alarmas. El artículo que publicaron indicando sus mediciones termina con esta maravillosa frase: «Es inevitable que también especulemos con la posibilidad de que sea un agujero negro».

Y fue así como, en la década de 1970, se completó el triplete de la muerte de las estrellas: enana blanca, estrella de neutrones, agujero negro. Cuando una estrella masiva —de unas diez veces la masa del Sol o más— se queda sin combustible, no hay ningún proceso que pueda detener la inevitable presión gravitatoria hacia el interior de su núcleo durante la fase de supernova y la única posibilidad es que el núcleo se aplaste hasta convertirse en un agujero negro, una estrella oscura. Hoy en día creemos incluso que algunas estrellas en extremo masivas han colapsado directamente en agujeros negros saltándose por completo la fase de supernova; tan solo un buen día han hecho ¡puf! y han desaparecido.

Con el límite de Chandrasekhar sabemos asimismo que, en casos muy especiales en los que obtienen un suministro de masa extra para crecer, las enanas blancas podrían colapsar en estrellas de neutrones si de algún modo adquieren la masa necesaria para ello (a la larga, los electrones se ven obligados a combinarse con los protones para formar los neutrones que integran las estrellas a las que dan su nombre). Del mismo modo, con el límite de Tolman-Oppenheimer-Volkoff, sabemos que a su vez las estrellas de neutrones también podrían convertirse un día en agujeros negros si obtienen la suficiente masa para crecer. Esto puede ocurrir, de hecho, si la enana blanca o la estrella de neutrones forman sistemas binarios con otras estrellas, a las que pueden robar la masa necesaria para alcanzar dichos límites. Por esta razón me gusta pensar en una estrella de neutrones como la etapa evolutiva previa a un agujero negro: como un Pikachu a un Raichu, para los aficionados a *Pokémon*.

Así pues, si estamos dispuestos a esperar lo bastante y hay una ingente cantidad de materia extra en las proximidades del Sistema Solar, teóricamente el Sol podría convertirse algún día en una enana blanca, crecer hasta convertirse en una estrella de neutrones y terminar como un agujero negro. Pero eso vale para casi cualquier nube de gas del universo si se tiene suficiente paciencia para seguir esta receta:

- Precalienta el horno a temperatura de fusión nuclear.
- Espolvorea unos miles de millones de kilogramos de materia.
- Hornea hasta que quede aplastado.

6

¡Tiene gracia! Se escribe igual que la palabra *escape*[51]

He pasado algunos de los mejores días de mi vida recorriendo el mundo. Recuerdo vívidamente un viaje al Gran Cañón cuando era adolescente: los colores, el calor y la enormidad del lugar me dejaron sin aliento. Me deslicé con cuidado hacia el borde del precipicio para poder observarlo mejor. Cuanto más me acercaba, más alcanzaba a ver el interior del cañón: las extrañas formaciones rocosas de las paredes y el agua serpenteando en el fondo. Obviamente, como todavía estaba en la adolescencia, no se podía confiar en mi buen juicio; mis padres me recordaban cada cinco minutos que no me acercara demasiado al borde, y yo, como buena adolescente, los aterrorizaba haciéndolo de todos modos. Pero, como suele ocurrir con los padres, acertaban al advertirme de que fuera con cuidado, y no solo porque posiblemente yo sea la persona más torpe que han conocido nunca, sino porque, si hubiera dado ni que fuera un paso de más, habría caído un largo trecho.

Supongamos que hubiera sobrevivido a semejante caída hasta el fondo del Gran Cañón: me habría quedado allí varada en el fondo del valle sin energía suficiente para volver a trepar

---

51. Mis amigos fans de *Buscando a Nemo* seguro que recuerdan el chiste.

por la pared del precipicio. Ya sé que he dedicado los últimos capítulos a convencerte de que los agujeros negros no son agujeros, sino montañas, pero una buena forma de concebir lo que se conoce como el *horizonte de sucesos* que rodea a los agujeros negros es imaginarlo como el borde del Gran Cañón: es el punto en el que, una vez traspasado, ya no hay vuelta atrás, y ahora ni tú ni nada en todo el universo podéis reunir la suficiente energía para volver a salir.

A medida que nos acercamos a un agujero negro, la velocidad de escape necesaria aumenta hasta llegar a un punto en el que alcanza la velocidad de la luz. Ese punto es lo que llamamos *horizonte de sucesos*, y solo existe debido a ese límite último de velocidad del universo: la velocidad de la luz. El horizonte de sucesos suele describirse como el «punto de no retorno», pero no tiene nada de *punto*. Se trata de una esfera tridimensional que rodea lo que sea que se encuentre en su interior y es lo que nos da el «tamaño» del agujero negro, lo que conocemos como *radio de Schwarzschild*.

Karl Schwarzschild fue un físico y astrónomo alemán que al estallar la Primera Guerra Mundial era director del Observatorio Astrofísico de Potsdam.[52] Pese a estar exento del servicio obligatorio en el ejército alemán debido a su edad (rondaba los cuarenta y un años), se presentó voluntario y combatió en ambos frentes. Sin embargo, la guerra no supuso un freno a su labor científica, porque en 1915, en plena Primera Guerra Mundial, Einstein anunció al mundo su teoría de la relatividad general, incluidas las ecuaciones que describían cómo se veían afectados el espacio y el tiempo en presencia de materia. Estas ecuaciones son tremendamente difíciles de resolver,[53] y ni si-

52. Lo cual no es moco de pavo.
53. Para consternación de los estudiantes de física de todo el mundo, no existe un equivalente a la «fórmula cuadrática» — $x = \frac{-b \pm \sqrt{b^2 - 4ac}}{2a}$ — para las ecuaciones de campo de Einstein. ¡Ojalá!

quiera el propio Einstein creía que tuvieran soluciones exactas después de haber hecho él mismo numerosos intentos de obtenerlas (por ejemplo, para explicar la órbita de Mercurio). Pero eso no desanimó al teniente de artillería del ejército alemán Karl Schwarzschild, una figura histórica de la que sin duda cabría decir que «no podía parar».[54]

Durante el tiempo en que estuvo en el frente oriental (y a pesar de padecer una rara y dolorosa enfermedad autoinmune), Schwarzschild escribió nada menos que *tres* artículos científicos en su «tiempo libre», dos de los cuales versaban sobre la relatividad general.[55] Encontró una solución exacta a las ecuaciones de campo de Einstein para la fuerza de la gravedad en torno a un objeto esférico no giratorio recurriendo al sencillo truco de emplear un sistema de coordenadas distinto (en lugar de las coordenadas normales x, y, z, utilizó coordenadas polares de radio y ángulo, como las que usaríamos para determinar una posición en la Tierra en términos de latitud y longitud). Tras hallar la solución a las ecuaciones, escribió una carta a Einstein el 22 de diciembre de 1915, cuando todavía estaba en el frente oriental. En la misiva hay una frase magnífica, que en el original alemán reza: *Wie Sie sehen, meint es der Krieg freundlich mit mir, indem er mir trotz heftigen Geschützfeuers in der durchaus terrestrischer Entfernung diesen Spaziergang in dem von Ihrem Ideenlande erlaubte.* En ella da las gracias a Einstein diciéndole que la guerra le ha tratado con amabilidad, pese al intenso fuego de artillería, en tanto le ha dado la oportunidad de «dar un paseo» por sus ideas sobre la gravedad publicadas en la teoría de la relatividad general. Estas palabras resultan especialmente conmovedoras sabiendo que Schwarzschild murió solo cinco

54. Como en la famosa canción «Non-Stop» de *Hamilton*. Va de nuevo por mis colegas forofos del musical.

55. «¿Por qué escribes como si se te acabara el tiempo?» (sigo con «Non-Stop»). Pues eso: es que no puedo parar. Te quiero, Lin-Manuel.

meses después, en mayo de 1916, con solo cuarenta y dos años de edad.

Schwarzschild no pretendía resolver las ecuaciones para el caso concreto de un agujero negro: sus soluciones valen para cualquier esfera de masa, ya sea una estrella o una nebulosa difusa de gas esparcida por una enorme región del espacio. Pero había algo en su resolución que preocuparía a la gente durante décadas, porque en ella había dos puntos en los que la fuerza de la gravedad se volvía infinita. Dado que Schwarzschild utilizaba coordenadas polares, la ecuación que obtenía para definir la fuerza gravitatoria dependía de la distancia a una determinada posición central, de manera que la solución era la misma para todos los puntos situados a esa distancia, esto es, para una esfera definida por un radio determinado. Cuando ese radio era igual a cero, la fuerza de la gravedad se volvía infinita; pero también ocurría lo mismo a una distancia mayor, la cual dependía en este caso de la masa.

Los lugares donde esto sucedía se conocían como *singularidades*, un elegante término matemático que en la práctica significa 'no sabemos qué ocurre ahí'. Hace referencia a un punto indefinible, un concepto que los matemáticos suelen *denostar* porque, para calcular la fuerza de la gravedad en un radio igual a cero, tienes que —¡respira hondo!— dividir por cero (creo que me ha dado un escalofrío involuntario). Dividir por cero es matemáticamente imposible, pero los físicos no nos detenemos demasiado en ello. Si tomas números cada vez más pequeños y divides entre ellos, el resultado que obtienes aumenta más y más (como ocurre con el momento de un objeto conforme se va acercando a la velocidad de la luz). Así que a los físicos nos encanta dividir por cero y decir que nos da infinito, una filosofía sobre la que los matemáticos seguirán debatiendo sin cesar. Ahora bien, esas singularidades no suponían un problema para la mayoría de los objetos, como las estrellas, dado que el otro radio donde reaparece la singularidad es muy pequeño, y las estrellas normales son muy grandes. Este último se conoce hoy como *radio de Schwarzschild*, pero habría que esperar a la década de 1960 para que se identificara como lo que realmente era: un *horizonte de sucesos*.

Debemos la expresión *horizonte de sucesos* (u *horizonte de eventos*) al físico austriaco Wolfgang Rindler. Con solo catorce años, Rindler fue evacuado de Austria a Inglaterra en el marco del llamado *Kindertransport*, una operación coordinada de rescate de niños judíos realizada en los meses previos al estallido de la Segunda Guerra Mundial. Después de terminar la escuela cursó estudios universitarios en el Reino Unido, y en 1956 le ofrecieron un puesto en la Universidad Cornell, en el estado de Nueva York. Una vez allí, Rindler logró publicar los resultados de su investigación doctoral en la Universidad de Londres, donde presentó al mundo el concepto de un horizonte de sucesos. Definía dicho «horizonte» como «una frontera entre lo observable y lo inobservable», del mismo modo que no puedes ver nada más allá del horizonte terrestre cuando miras al infinito. Así pues, un horizonte de sucesos divide estos últimos entre los que pueden verse y los que no; o, por decirlo con las palabras, mucho más poéticas, de Rindler, «los que quedan para siempre fuera de [nuestra] posible capacidad de observación».

El radio de Schwarzschild es el horizonte de sucesos de un agujero negro. Marca la región en la que dejamos de obtener cualquier información del agujero negro porque la luz ya no puede llegar hasta nosotros; la región en la que la velocidad de escape se hace mayor que la de la luz. No es propiamente una singularidad, porque, si se utiliza un sistema de coordenadas distinto, se puede seguir determinando la fuerza de la gravedad en ese punto, aunque más allá de él no se pueda extraer ninguna información real. Pero el radio de Schwarzschild sigue representando un rasgo físico de los agujeros negros. La solución de Schwarzschild a las ecuaciones de la relatividad general de Einstein nos revela en esencia el tamaño del horizonte de sucesos, o el tamaño del propio agujero negro. Dicho tamaño solo depende de su masa (también de la velocidad de la luz y de la fuerza de la gravedad total, pero, que sepamos, estos son valores constantes y no varían). Básicamente, cuanto más masivo sea el agujero negro, mayor será el horizonte de sucesos.

Recuerdo que estudié por primera vez la derivación de la solución de Schwarzschild cuando cursaba mi licenciatura de Física en la Universidad de Durham. Obviamente, una vez armada con la ecuación que me permitía determinar el tamaño de un agujero negro, lo primero que hice fue calcular qué tamaño tendría yo si me convirtiera en uno. Dado que consumo bastante más queso que en mi época universitaria, he tenido que rehacer el cálculo para este libro; pero, por si te lo estabas preguntando, si pudiéramos aplastar a un ser humano medio de unos 62 kilos de peso hasta convertirlo en un agujero negro, tendría un horizonte de sucesos de un radio de unos 0,09 yoctómetros (0,0000000000000000000000009 metros; ¡veinticinco ceros después de la coma!). Sería más pequeño que un átomo, más pequeño que los protones que integran los núcleos de los átomos y más pequeño incluso que los quarks que forman los protones.

Se trata sin duda de una cifra demasiado diminuta para que nuestro cerebro pueda calibrarla, así que probemos con algo más grande: la Tierra entera, por ejemplo. Si pudiéramos convertir nuestro planeta en un agujero negro, tendría un radio de solo 0,9 cm, menos que una uña. Y si hiciéramos lo propio con el Sol, tendría un radio de 2,9 km (téngase en cuenta que su radio real es de 696.342 km, una cifra mucho mayor, pues, que su radio de Schwarzschild). Pero, con independencia de su tamaño (ya sean 0,09 yoctómetros, 0,9 cm o 2,9 km), los agujeros negros que podríamos hacer con nosotros, la Tierra y el Sol se comportarían exactamente igual, con velocidades de escape superiores a ese límite finito del universo que es la velocidad de la luz.

Pero ¿qué ocurre con la otra singularidad vinculada a la solución de Schwarzschild, la que surge cuando el radio es igual a cero? El radio de Schwarzschild no es una auténtica singularidad, sino lo que se conoce como una *singularidad de coordenadas*: solo existe en función del sistema de coordenadas en el que hayas resuelto tu problema. En cambio, la que aparece cuando $r = 0$ es una genuina singularidad física conocida como *singularidad gravitacional*. Es absolutamente indefinible e incognoscible. No puede determinarse la curvatura del espacio en ese punto, y, por lo tanto, tampoco la fuerza de la gravedad. De hecho, ni tan siquiera el propio punto se considera parte del «espaciotiempo» normal; no se puede determinar dónde está (¡o siquiera cuándo!).

De nuevo, esto no supone un gran problema para objetos que son mucho mayores que el radio de Schwarzschild, como una estrella cuya masa está distribuida de forma adecuada y uniforme. No necesitamos conocer el valor para $r = 0$, y podemos decir que la solución de Schwarzschild a la ecuación de Einstein describe apropiadamente la fuerza de la gravedad siempre que r sea mayor que 0. En cambio, supone un gran problema cuando pensamos en el final de la vida de una estrella, cuando hay tanta masa en el núcleo que nada puede resistir el aplastamiento gravitatorio; ni la presión de degeneración de los electrones ni la de los neutrones. La estrella sigue colapsando y se empequeñece cada vez más, hasta que llega a hacerse más pequeña que el radio de Schwarzschild. ¿Y qué le ocurre entonces? No lo sabemos, porque ahora el colapso de la estrella es un acontecimiento que está ocurriendo más allá del horizonte de sucesos: *para siempre fuera de nuestra posible capacidad de observación.*

No existe ningún proceso ni ninguna forma de materia que conozcamos en toda la física capaz de resistir a la gravedad hasta detener el colapso de la estrella. Por lo que sabemos, esta sigue colapsando a un tamaño cada vez menor hasta que toda su masa queda contenida en un punto infinitesimal, infinitamente denso e indefinible en $r = 0$: la singularidad. Al menos esa es la descripción matemática. Debido a la propia naturaleza de la luz, el horizonte de sucesos oculta a nuestra vista la auténtica naturaleza de lo que hay «dentro» del agujero negro: ¿qué aspecto tienen en realidad esas estrellas oscuras?

La luz determina la forma como observamos el universo que nos rodea: registrando el brillo de las estrellas o las posiciones de los planetas que reflejan la luz del Sol. Transmitimos información codificada mediante ondas electromagnéticas de radio que circulan por el aire y se descodifican en sonido en el receptor. Lo mismo hacemos con la luz infrarroja que transmitimos por cables de fibra óptica para poder acceder a internet. Comunicamos y recibimos información mediante la luz. Eso significa que los agujeros negros no solo constituyen una prisión para la luz, sino también para la información y los datos. Según las leyes de la física, tal como las concebimos en este momento, podemos hacer todos los cálculos matemáticos que queramos con respecto a lo que hay detrás del horizonte de sucesos, pero nunca podremos poner a prueba esas predicciones porque no podemos recibir información de más allá del horizonte de sucesos de un agujero negro.

Cuando no tienen datos, los científicos se ponen muy tristes. Imagina lo que sentirías si te acercaras al borde del precipicio del Gran Cañón y siguieras sin divisar sus espectaculares vistas. Sería absolutamente exasperante. Pues a eso mismo hemos tenido que resignarnos los astrónomos. Sin embargo, a diferencia del Gran Cañón, que tiene un borde muy claro y evidente que probablemente ha puesto nerviosos a muchos padres durante miles de años, el horizonte de sucesos no tiene nada de evidente. No hay ningún borde de precipicio alrededor de un agujero negro. Ni una línea dibujada en la arena. Ni un Schwarzschild vestido de árbitro que pueda trazar una raya en el campo con un espray. Un horizonte de sucesos es total y absolutamente invisible. Ni siquiera te darías cuenta de que estaba ahí a menos que prestaras mucha atención... ¡Cuidado, intrépidos viajeros espaciales!

7

Por qué los agujeros negros no son «negros»

Nunca deja de sorprenderme que podamos ver las estrellas en el cielo nocturno. Puede parecer un poco tonto que una astrónoma diga tal cosa, pero párate un momento a *pensar* en la distancia que ha tenido que recorrer la luz de las estrellas para llegar finalmente a nuestros ojos. La próxima vez que eches un vistazo al cielo nocturno, mira a ver si encuentras las tres estrellas del Cinturón de Orión. La más cercana se encuentra a 11.000 billones de kilómetros, es decir, a 1.200 *años luz*. Eso significa que la luz ha necesitado 1.200 años para llegar desde esa estrella hasta nosotros.[56] No solo vemos la estrella tal como era hace 1.200 años, sino que además, de algún modo, una minúscula parte de la luz que emitió en todas direcciones a través del universo ha conseguido llegar hasta nuestros ojos recorriendo tan vasta distancia.

Piensa en el hecho de que otros tipos de luz, como la de las linternas o la de los faros de los automóviles, se hace mucho más tenue cuando nos alejamos de ella. E imagina, pues, lo brillan-

56. Las otras dos estrellas del Cinturón de Orión se encuentran a 1.260 y 2.000 años luz; un recordatorio de que, aunque las estrellas de las constelaciones parecen estar muy juntas cuando se proyectan en el cielo nocturno bidimensional (como si fueran puntos en el interior de una esfera), en la realidad tridimensional están literalmente a años luz de distancia.

tes que tienen que ser de hecho esas estrellas para que podamos detectarlas con solo una rápida mirada al cielo desde la ventana de nuestro dormitorio a pesar de estar a miles de billones de kilómetros de distancia y competir con el resplandor de la farola de enfrente. Por eso me quedo sin aliento cada vez que miro al cielo. Me maravilla pensar en lo fácil que nos resulta alzar la vista y observar incluso diminutos puntitos de luz que han hecho el más épico de los viajes.

Todas las estrellas que puedes ver en el cielo nocturno se encuentran en nuestro vecindario local de la galaxia. La luz de las estrellas más lejanas de la Vía Láctea, situadas al otro lado de la galaxia, se combina en un único gran resplandor tenue y difuso que visualmente nos produce la impresión de que alguien hubiera derramado leche en el cielo (de ahí el nombre de nuestra galaxia; pero es que además la propia palabra *galaxia* procede del griego *galaktos*, que significa 'leche'). Los lectores que hayan tenido ocasión de ver un cielo realmente oscuro, lejos de la contaminación lumínica de las ciudades, no habrán podido dejar de observar el arco de la Vía Láctea (tiene forma de espiral plana, con todas las estrellas orbitando en un mismo plano como los planetas del Sistema Solar, por lo que a nosotros nos parece una franja que cruza el cielo), mientras que aquellos que solo hayan podido ver el cielo nocturno desde una ciudad probablemente no sabrán de qué estoy hablando. Aún más tenue en el cielo nocturno aparece la galaxia de Andrómeda, que está formada por más de un billón de estrellas; es visible en el hemisferio norte como una pequeña mancha borrosa, pero en realidad se extiende aproximadamente a una anchura equivalente a seis lunas llenas a través del firmamento. Solo que está tan lejos que la luz de ese billón de estrellas es tan tenue que apenas podemos detectarla a simple vista.

Sin embargo, la imagen es muy distinta si te haces con un telescopio. Cuando, en el siglo XVII, Galileo enfocó el suyo hacia el difuso resplandor de la Vía Láctea, se sorprendió al descubrir que este se convertía en un montón de estrellas individuales. Los telescopios nos han permitido ver cosas más lejanas y más tenues con mayor detalle del que jamás podríamos alcanzar con nuestros propios ojos. Y no solo los telescopios que ven la luz visible, como hace nuestra vista, sino también los que detectan ondas de radio (como los que utilizaron Bell Burnell y Hewish para descubrir los púlsares) y también rayos X dotados de una tremenda energía.

Como ya hemos visto antes, tanto los rayos X como las ondas de radio son formas de luz, pero con diferentes longitudes de onda a lo largo del espectro. El arcoíris no termina en el rojo y el violeta, aunque nuestros ojos no pueden detectar la luz que está más allá de esos colores. Fue el físico escocés James Clerk Maxwell quien, en 1867, dio el salto intelectual que llevaría a la comprensión de lo que hay realmente «más allá del arcoíris». Las *ecuaciones de Maxwell*, como se conocen hoy, constituyen la base de los cursos universitarios de física de todo el mundo. Explican que la luz es de naturaleza ondulatoria, una onda formada por una parte eléctrica y otra magnética (es decir, una onda electromagnética), y cómo se desplazan esas ondas. Maxwell llegó a la conclusión de que la luz visible era una onda electromagnética con una longitud de onda muy corta, y predijo la existencia de otras ondas electromagnéticas con longitudes de onda más largas y más cortas, con propiedades distintas.

Sin embargo, las ecuaciones de Maxwell eran solo eso: ecuaciones; solo matemáticas. Nadie había demostrado aún que la luz fuera de verdad una onda electromagnética, ni había observado las longitudes de onda más largas o más cortas que había predicho Maxwell. Pero solo veinte años después, en 1887, un físico alemán llamado Heinrich Hertz inventó un dispositivo que generaba lo que hoy conocemos como *ondas de radio*: ondas electromagnéticas con una longitud de onda mucho mayor que la luz visible. En los años siguientes demostraría que estas se comportaban exactamente tal como había predicho Maxwell y, sobre todo, del mismo modo que la luz visible. Se reflejaban, se refractaban (es decir, cambiaban de dirección al pasar de un medio a otro, por ejemplo del aire al vidrio, como había constatado con enorme frustración Fraunhofer) y se difractaban (se dispersaban en torno a un obstáculo o una abertura, como las olas del mar en una cala).

El descubrimiento de Hertz no solo reveló la existencia de la que sería la primera generación de ondas de radio de la que se tenía constancia, sino que también aportó la primera prueba que respaldaba las ecuaciones e ideas de Maxwell acerca de la auténtica naturaleza de la luz. Asimismo, permitiría descubrir nuevos tipos de radiación electromagnética y, en particular, abriría la puerta al descubrimiento «accidental» de los rayos X en 1895 por parte de otro físico alemán, Wilhelm Röntgen. Este último trabajaba en la Universidad de Wurzburgo experimentando con los tubos de rayos catódicos de Thomson. Como el propio Thomson descubriría más tarde, los rayos catódicos son básicamente haces de electrones que fluyen de una varilla de metal con carga negativa a otra con carga positiva. La diferencia de tensión entre ambas varillas acelera los electrones a gran velocidad.

Los electrones son partículas diminutas, invisibles a simple vista, por lo que no podemos ver directamente los propios rayos catódicos; pero a finales del siglo XIX se observó que, si el haz de electrones incidía en el interior del tubo de vidrio, este último resplandecía. Los átomos del vidrio absorbían parte de la energía de los electrones y la emitían en forma de luz: es lo que hoy conocemos como *fluorescencia*.

Röntgen intentaba averiguar si era posible hacer salir el rayo catódico del tubo a través de una pequeña abertura en el vidrio (hecha de aluminio con el fin de bloquear la luz pero conducir los electrones). La idea era que, si lo cubría todo con un grueso papel negro para aislar el brillo fluorescente del interior del tubo, podría observar si se detectaba alguna fluorescencia fuera de la abertura. Para comprobar si su envoltura de papel era completamente hermética a la luz, primero cubrió la abertura de aluminio con el papel negro y apagó todas las luces del laboratorio. No vio ningún resplandor fluorescente que escapara de su artilugio así envuelto, de modo que, satisfecho, se dispuso a encender de nuevo las luces. Fue entonces, en la oscuridad del laboratorio, cuando vio que algo titilaba en un banco situado a unos metros del tubo, una distancia mucho mayor de la que nadie esperaba que pudieran recorrer los rayos catódicos por el aire. Es bien sabido que los electrones necesitan de un buen conductor para desplazarse, como el cobre; de ahí que nuestras casas estén llenas de cables de cobre (o incluso de aluminio revestido de cobre) para poder suministrarnos nuestra preciada electricidad.

Röntgen, que no daba crédito a lo que veían sus ojos, repitió varias veces el experimento, haciendo circular repetidas veces un haz de electrones por el tubo de vidrio envuelto en papel antes de convencerse finalmente de que la fluorescencia que observaba era real. Determinó que la causa de esta debía de ser un nuevo tipo de radiación y, dado que esos rayos le resultaban por completo desconocidos, recurrió al clásico símbolo matemático para referirse a una incógnita, x, bautizándolos así como *rayos X*. El término cuajó, aunque en algunas lenguas europeas los rayos X se conocen como *rayos Röntgen*.

A continuación, Röntgen se propuso investigar todo lo posible acerca de aquellos nuevos «rayos X». ¿Qué materiales podían atravesar? ¿Cuánta fluorescencia provocaban? ¿Cómo se generaban? Para ello recurrió al uso de placas fotográficas. Por entonces, en los albores de la fotografía, las imágenes se creaban exponiendo placas metálicas recubiertas de sales de plata sensibles a la luz: cuando esta incidía en la placa, el recubrimiento se oscurecía (es lo que hoy conocemos como *negativo*). Röntgen hizo su mayor descubrimiento cuando puso un trozo de plomo (y también su mano) delante de la abertura del tubo de rayos catódicos, y no solo comprobó que este bloqueaba los rayos X, sino que además vio una fantasmagórica imagen de su propia mano en la placa fotográfica. Comenzó entonces a realizar sus experimentos en secreto, temiendo que estuviera en riesgo su reputación científica. Sin embargo, otros científicos habían observado ya que las placas fotográficas se velaban si se dejaban demasiado cerca de un tubo de rayos catódicos, y el físico estadounidense Arthur Goodspeed había comprobado que, si se dejaban dos monedas sobre una placa fotográfica, al exponerla a los rayos catódicos aparecían dos círculos oscuros.

De manera que, pese a sus dudas, Röntgen decidió seguir investigando qué sustancias bloqueaban aquellos «rayos X» y cuáles no. Le tocó a su esposa, Anna Bertha Ludwig, hacer de conejillo de Indias en su experimento, en el que Röntgen obtuvo la que podría considerarse la primera radiografía médica reconocible de una mano. Los huesos de la mano y el anillo que ella llevaba en el dedo bloqueaban los rayos X en mayor medida que el músculo y la piel, por lo que aparecían más oscuros en la placa. Hoy, en el siglo XXI, una radiografía nos resulta tan familiar y reconocible que apenas si pestañeamos cuando aparece una de fondo en un episodio de *Anatomía de Grey*; pero al ver la esquelética imagen de sus dedos, la primera de la historia, se dice que Anna Bertha exclamó: «¡He visto mi muerte!».

En diciembre de 1895, Röntgen publicó su trabajo, y el descubrimiento del nuevo tipo de radiación causó sensación tanto en la opinión pública en general como en el mundo científico en particular. Prácticamente todos los físicos de la época

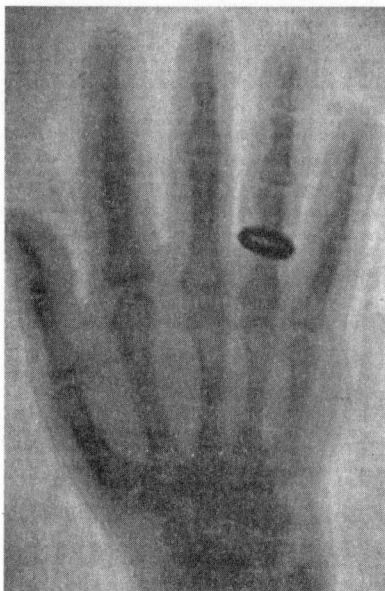

*La primera radiografía de la historia, publicada en 1896
por Wilhelm Röntgen. Reproduce la mano de su esposa, Anna
Bertha Ludwig. Las zonas más oscuras son aquellas en las que
el hueso y el anillo bloquean una mayor cantidad de rayos X;
las más claras son aquellas en las que la cantidad es menor.*

tenían un tubo de rayos catódicos en su laboratorio, de manera que podían dejar todo lo que estuvieran haciendo para apresurarse a recrear el experimento de Röntgen y estudiar por sí mismos aquellos nuevos y misteriosos rayos. Pero fue el propio Röntgen quien se dio cuenta de lo útiles que podían resultar en medicina y escribió cartas hablando de su descubrimiento a todos los médicos que conocía. Al cabo de un año, la comunidad médica de todo el mundo utilizaba ya los rayos X para localizar fragmentos de bala, ver fracturas óseas, detectar objetos tragados de lo más variopinto y mucho más (aunque con una actitud bastante más despreocupada que en la actualidad, puesto que por entonces no se conocían los peligros que puede entrañar la exposición prolongada a altas dosis de rayos X).[57]

Habría que esperar a 1912 para que Max von Laue (otro físico alemán), junto con un grupo de alumnos suyos que hicieron el trabajo duro, descubrieran qué eran exactamente los rayos X de Röntgen: una onda electromagnética. Eran luz, pero con una longitud de onda mucho más corta que la de la luz visible; se generaban cuando los electrones del rayo catódico chocaban con el aluminio que cubría la abertura del tubo de vidrio, y luego proseguían libremente su camino a través del grueso papel que lo envolvía. Röntgen nunca patentó su descubrimiento por motivos éticos, ya que creía que algo tan beneficioso para la medicina debía ser gratuito para todo el mundo. En 1901 recibió el que sería el primer Premio Nobel de Física de la historia por su descubrimiento y donó las 50.000 coronas suecas del galardón a la Universidad de Wurzburgo para la investigación.

Por más que el descubrimiento de Röntgen conmocionara el mundo de la física y el de la medicina, apenas tendría repercusión entre los astrónomos hasta cincuenta años después. Puede que el descubrimiento de Max von Laue de que los rayos de Röntgen no eran sino un tipo de luz sembrara la idea de utilizarlos para observar el cielo en la mente de los astrónomos, pero esa idea estaba lejos de ser factible. Por fortuna para la vida en este planeta, la atmósfera de la Tierra impide que la mayoría de los nocivos rayos X del espacio exterior nos alcancen en la superficie terrestre (a diferencia de la luz visible y algunas ondas de radio, que lo hacen sin ningún problema). Una buena noticia para nosotros, pero mala para los astrónomos de principios del siglo xx.

57. Todavía a finales de la década de 1940 muchas zapaterías ofrecían radiografías gratuitas para que los clientes pudieran verse los huesos de los pies.

La atmósfera hace que el proceso de detección de rayos X procedentes de cuerpos celestes resulte más difícil que el de detección de luz óptica, ultravioleta o de radio. No basta con montar un telescopio en un trozo de terreno libre del campus: hay que propulsarlo, junto con un detector de rayos X, por encima de la atmósfera terrestre. A ti, lector, y a mí, acostumbrados como estamos a que haya incluso empresas espaciales privadas que lancen satélites, naves espaciales o quizá algún que otro coche eléctrico al espacio casi a diario, eso nos parece bastante fácil. Pero a principios del siglo xx la mayoría de los astrónomos consideraban la idea de una astronomía de rayos X demasiado disparatada.

Sin embargo, no fue ese el caso de Riccardo Giacconi, quien, viendo los gigantescos progresos en el conocimiento logrados en el mundo de la física gracias a los rayos X, se propuso hacer realidad su uso en astronomía. Giacconi era un astrónomo italonorteamericano que, tras doctorarse en la Universidad de Milán en 1954, dio el salto a Estados Unidos gracias a una beca Fulbright.[58] Giacconi se había sentido cautivado por los intentos previos de detectar rayos X a altitudes cada vez mayores empleando globos aerostáticos. Pero el tiempo de los globos había pasado ya; había llegado la hora de los observatorios de rayos X propulsados por cohetes.

Empleando una técnica que se utilizaría hasta principios de la década de 1970, en aquella época se lanzaban cohetes equipados con detectores de rayos X que realizaban breves vuelos

58. En la actualidad, el Programa Fulbright es el mayor programa de intercambio cultural internacional de Estados Unidos. Opera en más de 155 países de todo el mundo, y en los últimos sesenta años ha concedido más de 294.000 becas a estudiantes que desean aprender o enseñar en el extranjero una enorme diversidad de materias. Su legado es extraordinario: 88 antiguos alumnos han recibido el Premio Pulitzer de periodismo; 60 han sido galardonados con el Premio Nobel (de Física, Química, Medicina, Literatura o de la Paz); 38 han sido jefes de Estado, y uno ha ejercido como secretario general de las Naciones Unidas.

hasta las capas superiores de la atmósfera terrestre y volvían a descender, registrando cualesquiera detecciones que se produjeran en el trayecto. Los experimentos que realizó Giacconi con esta técnica revelaron que, de hecho, el cielo nocturno estaba salpicado de rayos X, los cuales parecían proceder de zonas del firmamento en las que no había objetos visibles conocidos. De modo que todo el mundo se hizo la misma pregunta: «¿qué generaba esos rayos X?».

La perplejidad de la gente se debía al hecho de que no hay muchos procesos con la suficiente energía para producir rayos X. Estos constituyen una forma de luz con una longitud de onda extremadamente corta, de modo que son muy energéticos. Solo se emiten cuando algo está extraordinariamente caliente (o se desplaza muy deprisa, como los electrones en un tubo de rayos catódicos). Ni siquiera la superficie del Sol, que está a 5.700 °C, es lo bastante caliente para producir rayos X; en cambio, su atmósfera superior (la corona), con millones de grados de temperatura, sí tiene el calor suficiente para producirlos (recuérdese que la longitud de onda de la luz emitida depende de la temperatura del emisor).[59] Los rayos X del Sol fueron descubiertos en 1949 por el astrónomo estadounidense Herbert Friedman durante el vuelo de un cohete y, aunque el Sol es la fuente más brillante de rayos X de nuestro cielo, ello se debe únicamente al hecho de que está muy cerca; en realidad no es un emisor muy potente de este tipo de luz, a diferencia de lo que ocurría con los rayos X que encontró Giacconi dispersos por el firmamento.

59. No se sabe muy bien por qué la atmósfera del Sol es muchísimo más caliente que su superficie. Diversas hipótesis lo atribuyen a varias razones, que van desde el campo magnético del Sol hasta la radiación que escapa de las pequeñas manchas solares de la superficie. Creo que esto es un magnífico recordatorio de que, aunque hoy sabemos tanto sobre el universo, todavía hay muchas cosas que ignoramos, incluso sobre nuestro propio Sol.

En 1962, Giacconi, empleando la mencionada técnica de los cohetes, detectó una de las fuentes más potentes de rayos X que poblaban el cielo, procedente de la constelación de Escorpio.[60] Dada la tecnología de los detectores de rayos X que equipaban los cohetes de la época, esa era más o menos la máxima precisión que se podía lograr en términos de ubicación; lo que estaba claro era que no procedían de la Luna. El descubrimiento se anunció al mundo como el primer caso de detección de rayos X procedentes de fuera del Sistema Solar. Tras varios vuelos de cohetes más, la ubicación se redujo de forma más precisa a una estrella llamada V818 Scorpii, mientras que la fuente de rayos X, al ser la primera descubierta en la constelación de Escorpio, recibió el nombre de Scorpius X-1. El descubrimiento llevó a los astrónomos a plantearse si podría haber otras estrellas que emitieran rayos X procedentes de la corona caliente que las rodea, como hace nuestro Sol, y esta seguiría considerándose la explicación más probable durante algunos años.

Al menos hasta 1967, cuando el astrónomo soviético (originario de la actual Ucrania) Iósif Shklovski argumentó que esa explicación no podía ser correcta, puesto que las estrellas no tenían energía suficiente para producir tal cantidad de rayos X ni tan energéticos: sencillamente no estaban lo bastante calientes. Shklovski era un personaje célebre en su época, tanto en el ámbito científico como entre la opinión pública en general, dado que había escrito un libro sobre la posibilidad de vida inteligente en el universo; publicado por primera vez en 1962 en

60. Recuerda que las estrellas de las constelaciones en realidad están a años luz de distancia unas de otras, como en el Cinturón de Orión. Que algo esté en una constelación no significa que se encuentre cerca de las demás estrellas que la forman; solo que está en la misma parte del cielo desde la perspectiva de la Tierra. Los astrónomos solo utilizan las constelaciones como puntos de referencia útiles para navegar por el firmamento e indicar la ubicación aproximada de los cuerpos celestes.

su lengua materna, el ruso; en 1966, el libro se había reeditado en inglés, con Carl Sagan como coautor.[61] De hecho, Shklovski fue uno de los cinco gigantes que lideraron la búsqueda científica de vida inteligente más allá de la Tierra, junto con Sagan, el físico italiano Giuseppe Cocconi y los astrónomos estadounidenses Philip Morrison y Frank Drake (este último, famoso por la ecuación que lleva su nombre, fue, como ya hemos señalado antes, uno de los estudiantes de posgrado que estuvieron bajo la supervisión de Cecilia Payne-Gaposchkin).

En 1967, Shklovski llevaba treinta años de carrera centrado en el estudio de fenómenos astrofísicos de alta energía (desde los restos de supernovas como la nebulosa del Cangrejo hasta las emisiones de rayos X de la corona solar), al tiempo que se interesaba esporádicamente por las órbitas de las lunas de Marte y la posibilidad de vida extraterrestre. De ahí que, cuando planteó una nueva hipótesis para explicar Scorpius X-1, la gente tomara nota de ello, por más que en aquel momento pareciera una pura fantasía teórica. Llegó a la conclusión de que el único proceso con la suficiente energía para producir los rayos X observados sería un objeto denso en fase de *acreción* (un elegante término físico que en la práctica significa 'crecimiento gradual de la masa'), como una estrella de neutrones. Shklovski publicó su trabajo en abril de 1967, siete meses antes de que Jocelyn Bell Burnell detectara aquella pequeña anomalía en sus datos que marcaría el descubrimiento de la primera estrella de neutrones conocida.

¿Cómo llegó Shklovski a aquella atrevida conclusión? Por los cálculos matemáticos sobre el comportamiento de los fluidos (es decir, líquidos y gases), los físicos sabían desde hacía tiempo que un gas que se desplazara extremadamente rápido se calentaría hasta alcanzar temperaturas igualmente extremas.

61. Shklovski y Sagan compartían su ascendencia judeo-ucraniana.

Sabían también que, si todo ese gas se desplazaba en una misma dirección, quizá orbitando en torno a algún objeto, formaría un disco, de manera idéntica a como una bola de masa se aplana y adquiere forma de pizza cuando uno la hace girar en el aire (al menos si lo hace un cocinero de talento; la mía siempre acaba en el suelo). Shklovski postuló que la única hipótesis que podía explicar las altas energías de los rayos X detectados era que Scorpius X-1 fuera un objeto muy denso en órbita alrededor de la estrella V818 Scorpii, a la que también le robaba materia. Argumentó que solo una estrella de neutrones podría estar acumulando tal cantidad de materia, acelerándola a enormes velocidades hasta formar a su alrededor lo que se conoce como *disco de acreción* y, por lo tanto, calentándola a temperaturas extremas, que provocaban la emisión de rayos X.

Con el descubrimiento de los púlsares por parte de Jocelyn Bell Burnell y su posterior identificación de estos como estrellas de neutrones, la hipótesis de Shklovski sobre Scorpius X-1 se hizo aún más atractiva y, a principios de la década de 1970, la comunidad científica acabaría aceptando la idea. Más tarde, esta misma década sería testigo de un avance que representaría un salto enorme en el campo de la astronomía de rayos X: los telescopios espaciales. En lugar de lanzar cohetes de ida y vuelta, ahora los científicos podrían poner en órbita un satélite equipado con un detector de rayos X. El primero de ellos fue el *Uhuru*,[62] lanzado en diciembre de 1970, que escudriñó todo el cielo, registró las ubicaciones de las fuentes de rayos X

---

62. *Uhuru* es una palabra suajili que significa 'libertad'. El satélite fue bautizado así en honor a Kenia, puesto que su lanzamiento se efectuó cerca de Mombasa. Cuanto más cerca del ecuador se realiza un lanzamiento espacial, mejor: el ecuador gira más rápido que los polos de la Tierra, por lo que se obtiene un impulso extra de energía. También es preferible un lugar con una costa oriental debido a la dirección de rotación de nuestro planeta: si algo va mal, el cohete se estrella en el mar en lugar de hacerlo en tierra.

y descubrió muchas otras que coincidían con estrellas normales (entre ellas Cygnus X-1, el primer candidato a agujero negro, del que ya hemos hablado en el capítulo 5) y con fuentes de radio recién identificadas como púlsares.

Una fuente especialmente notable era Centaurus X-3 (la tercera fuente observada en la constelación del Centauro, en el cielo austral), que al principio se detectó como fuente de rayos X, pero más tarde se identificó como un púlsar que también emitía ondas de radio y orbitaba alrededor de una estrella normal conocida como Estrella de Krzemiński (en honor a su descubridor, el astrónomo polaco Wojciech Krzemiński). Centaurus X-3, junto con muchas otras fuentes de rayos X similares, no dejaban lugar a dudas en cuanto a que obtenían su energía por acreción, tal como postulara Shklovski. En el caso de Centaurus X-3, el objeto compacto relacionado con la emisión de rayos X es una estrella de neutrones, que se detecta muy claramente como un radiopúlsar. Pero había otros casos, como el de Cygnus X-1, en que las energías de los rayos X eran tan enormes —mucho mayores que las relacionadas con estrellas de neutrones en acreción— que la única explicación posible era que su fuente fuera también mucho mayor de lo que establecía el límite de Tolman-Oppenheimer-Volkoff para la masa máxima de una estrella de neutrones. Cygnus X-1 solo podía obtener su energía de un agujero negro en acreción.

Así, a mediados de la década de 1970, los astrofísicos rusos Nikolái Shakura, Rashid Siunyáiev e Ígor Nóvikov, junto con el físico estadounidense Kip Thorne, diseñaron el primer modelo teórico que explicaba cómo el gas que orbita alrededor de un agujero negro (u otro objeto compacto) se calentaría hasta alcanzar entre 10.000 y 10.000.000 kelvins dependiendo de su masa. En esencia, este proceso de acreción convierte la masa en energía (recuerda que son equivalentes) en forma de luz. Así es también como puede describirse la fusión nuclear que tiene lugar en el interior de las estrellas; sin embargo, la acreción es mucho más eficiente que la fusión nuclear. Si un kilogramo de hidrógeno sufriera una fusión nuclear en el interior de una estrella, solo el 0,007 % de esa masa se liberaría en forma de radiación; en cambio, si ese kilogramo de hidrógeno lo absorbiera un agujero negro, se liberaría el 10 % de la masa en forma de luz durante su trayecto en espiral hacia el agujero negro en el disco de acreción. Esa es la clave: la luz se emite desde el disco de acreción que rodea al agujero negro, que todavía está muy por fuera de su horizonte de sucesos; de ahí que aún podamos detectarla.

Gracias a estas detecciones de rayos X, sabemos que entre las estrellas de la Vía Láctea se ocultan agujeros negros, estrellas muertas. A diferencia de lo que se podría creer de entrada, a los agujeros negros se les da terriblemente mal eso de jugar al escondite, en tanto hacen que el material que los rodea se ilumine como un árbol de Navidad. Debido a la acreción, pues, los agujeros negros no son «negros» en absoluto; antes bien, acaban siendo los objetos más brillantes de todo el universo. Así que el libro que estás leyendo no trata de esos «agujeros negros» de los que hablaba Robert H. Dicke, sino de montañas cegadoramente deslumbrantes.

8

Cuando 2 se convierten en 1

Una de las cosas maravillosas del cielo nocturno es que está al alcance de todo el mundo. O, al menos, de quienes no tengan que sufrir el fastidio del mal tiempo. Cualquiera que disfrute de un cielo despejado puede salir a la calle, observar el firmamento con o sin telescopio, y utilizar el método científico para intentar explicar sus observaciones. Los avances tecnológicos también han facilitado en enorme medida esas observaciones, desde las aplicaciones de astronomía que nos dicen exactamente lo que estamos viendo hasta los telescopios y las cámaras que permiten a los astrofotógrafos captar desde el jardín de casa imágenes que habrían sido un sueño hecho realidad para los astrofísicos de principios del siglo XX. Otra de las cosas que nos ha brindado la tecnología es la capacidad de «ver» sin luz. De una forma completamente nueva.

La mayoría de las estrellas como nuestro Sol no se encuentran solas. De hecho, nuestro astro es bastante raro en ese aspecto: más del 50 % de las estrellas similares al Sol orbitan alrededor de otra estrella, al tiempo que ambas orbitan en torno a un *centro de masas* común. Si las dos estrellas tienen exactamente la misma masa, ese centro estará perfectamente situado en medio de ellas y ambas girarán como dos amigas cogidas de la mano, perfectamente equidistantes, siguiendo la misma

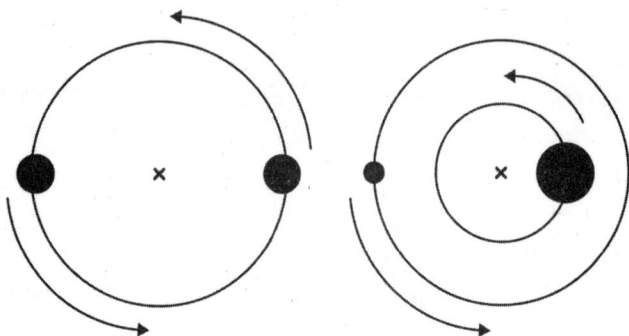

Diagramas de dos estrellas con la misma masa (izquierda) y con masas distintas (derecha) orbitando el centro de masas, señalado con una «x».

órbita. Pero si una de ellas es más masiva que la otra, el centro de masas estará desplazado. Imagina las dos estrellas en un columpio de tipo balancín: si una pesa más que la otra, habría que desplazar el punto de apoyo del centro a una posición más cercana a la estrella más pesada para que el columpio quedara perfectamente equilibrado. Ese punto es el centro de masas alrededor del cual orbitan, lo que implica que la estrella más masiva traza una órbita más pequeña y se desplaza más despacio, mientras que la de menor tamaño describe una mucho más amplia y se mueve a mayor velocidad.

El conjunto de dos estrellas orbitándose mutuamente se conoce como *sistema binario*, pero también puede haber una tercera estrella orbitando a las otras dos, en cuyo caso tenemos un *sistema triple*; o dos pares de estrellas orbitando el centro de masas, en un *sistema cuádruple*. El mayor número de estrellas que hemos encontrado en un sistema estelar (al menos en el momento de redactar estas líneas) es de nada menos que siete. En la actualidad sabemos de la existencia de dos sistemas de siete estrellas (o séptuple): Nu Scorpii y AR Cassiopeiae.[63] Este

63. Por desgracia, son *un poco* tenues para poder contemplarlas a simple vista,

último es un sistema binario que orbita alrededor de otro sistema binario, que a su vez orbita alrededor de un sistema triple. Nu Scorpii es ligeramente más simple: un sistema triple que orbita en torno a un sistema cuádruple.

Cuanto más masiva es una estrella, más probable resulta que forme parte de un sistema multiestelar junto con otras compañeras. En el caso de las diminutas enanas rojas (que tienen muy poca masa y son muy tenues, pero constituyen alrededor del 85 % de todas las estrellas de la Vía Láctea),[64] solo el 25 % de ellas tienen una compañera estelar; pero esta cifra aumenta a más del 80 % en el caso de las estrellas más masivas, que colapsarán en agujeros negros al final de sus vidas. Para formar una estrella masiva se necesita mucho gas en un mismo sitio, por lo que la mayoría de ellas se forman en grandes cúmulos de estrellas a partir de una única y gigantesca nube gaseosa. El hecho de que haya tantas estrellas en un espacio astronómicamente «pequeño» aumenta la probabilidad de que las estrellas masivas acaben formando sistemas multiestelares.

Las estrellas más masivas también agotan más rápido su combustible; como ya hemos visto antes, viven deprisa y mueren jóvenes. Por el propio hecho de ser tan masivas, la fuerza del aplastamiento gravitatorio es enorme, por lo que necesitan quemar más combustible para contrarrestarla y, en consecuencia, lo agotan mucho más rápido. Así, mientras que el Sol vivirá unos 10.000 millones de años (actualmente está más o menos

pero con unos prismáticos y un mapa de las constelaciones de Escorpio y Casiopea, deberías poder encontrarlas sin problema en un cielo oscuro despejado.

64. Antes de darse cuenta de que las enanas rojas son mucho más comunes de lo que se había pensado, la visión de los astrónomos estaba sesgada por el hecho de que las estrellas más obvias, brillantes y masivas casi siempre tenían una compañera, y por ello creían que la mayoría de las estrellas de la Vía Láctea formaban parte de sistemas multiestelares. Sin embargo, dado que la mayoría de las estrellas son enanas rojas, resulta que solo un tercio de las estrellas de la Vía Láctea forman parte de sistemas de este tipo.

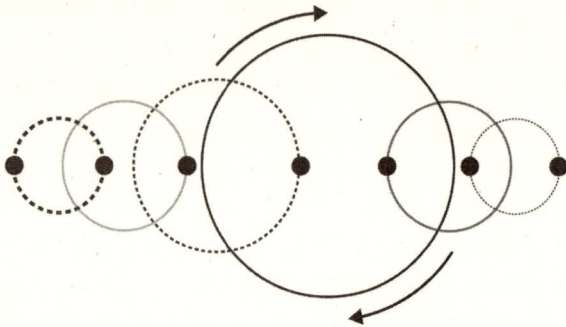

Configuración del sistema septenario Nu Scorpii, donde los círculos negros representan las estrellas, y los anillos circundantes, sus órbitas. Un sistema terciario y otro cuaternario se orbitan mutuamente. El sistema terciario está formado por una estrella que orbita un sistema binario, mientras que el sistema cuaternario lo forman una estrella que orbita a otra, que orbita a su vez un sistema binario.

en la mitad de su vida, unos 4.500 millones de años), las estrellas más masivas viven unos 100.000 años, y eso con suerte; arden con más brillo durante el más breve de los tiempos astronómicos. Eso significa que la mayoría de las veces acaban convirtiéndose en un agujero negro (o una estrella de neutrones o una enana blanca) y orbitando alrededor de una estrella normal que seguirá fusionando hidrógeno y produciendo helio durante muchos millones, si no miles de millones, de años. Eso es lo que le ocurrió a nuestro viejo amigo Cygnus X-1 (el primer candidato a agujero negro, como hemos visto anteriormente), y a innumerables sistemas más.

Detectamos esos sistemas binarios que contienen agujeros negros en toda la Vía Láctea gracias a la luz que emiten en forma de rayos X. Pero ¿y si la segunda estrella del sistema es también una estrella masiva, que a su vez da origen a una supernova y luego se transforma en un agujero negro? Entonces tendríamos dos agujeros negros orbitándose mutuamente y la magnitud de las fuerzas gravitatorias implicadas en algo así sería inconmensurable. La órbita estable en la que se habían mantenido las dos estrellas durante su vida se vería completamente alterada por las dos supernovas. Una supernova arroja al espacio la mayor parte de las capas externas de la estrella y, por tanto, la mayor parte de su masa, de modo que solo su núcleo colapsa en un agujero negro. En consecuencia, haría falta un nuevo centro de masas para equilibrar el sistema.

Dado que también la segunda estrella desprendería masa al pasar por la fase de supernova y daría lugar a un agujero negro menos masivo, eso supondría que los dos agujeros negros tendrían que acercarse para encontrar un nuevo centro de masas. Pero es imposible que dos agujeros negros alcancen una órbita estable cuando están tan cerca uno de otro. Lo que ocurre, en cambio, es que acaban aproximándose en espiral durante millones de años hasta su inevitable final en la colisión más monumental que se haya visto nunca. O, técnicamente, que no se ha visto *jamás*. Una vez que los dos objetos que integran un sistema binario son agujeros negros, ya no queda material que robarle a una estrella normal para formar un disco de acreción que emita rayos X. Así que todo el sistema se vuelve completamente invisible para nosotros, al menos hasta su último momento.

Retrocedamos por un momento al capítulo 3 y la teoría de la relatividad general de Einstein: la masa curva el espaciotiempo. En los objetos más masivos, como los agujeros negros, es donde más intenso resulta ser este efecto, curvando el espaciotiempo hasta el extremo. A medida que se aproximan uno a otro en su trayectoria espiral, los dos agujeros negros del sistema binario se aceleran a lo largo de sus órbitas, alterando constantemente la curvatura del espaciotiempo en torno a ellos. Alterar la curvatura del espaciotiempo hasta el extremo, y hacerlo de manera constante, requiere una extraordinaria cantidad de energía, la cual procede de los propios agujeros negros. Es como una sacudida para el propio espacio, que no puede contener tanta energía en un área tan pequeña, por lo que dicha energía se dispersa, extendiéndose por el espacio como una onda de choque.

Volviendo a nuestra anterior analogía, en la que comparábamos los objetos masivos con pelotas de baloncesto en una cama elástica, imagina que hacemos rebotar en la superficie de la cama dos pelotas de baloncesto muy pesadas a un ritmo constante. Dicha superficie no se mantendrá plana, sino que subirá y bajará sin parar al absorber la energía de las pelotas que rebotan en ella. Podemos imaginar el espacio del mismo modo, curvado y «descurvado» hasta el extremo por dos agujeros negros orbitándose mutuamente. La energía involucrada, que no puede confinarse en la zona en cuestión, se dispersa por el espacio como las ondulaciones en la superficie de un estanque. Es lo que se conoce como *onda gravitatoria*, una onda que se expande a través del propio espacio y altera su curvatura a su paso, alimentada por la energía inyectada por dos agujeros negros en una órbita espiral.

Einstein ya predijo la existencia de las ondas gravitatorias allá por 1915, cuando publicó la relatividad general (aunque no predijo que las causarían agujeros negros, sino objetos muy densos y compactos), pero habría que esperar otros cincuenta y nueve años para que se demostrara su existencia, al menos de forma indirecta. En 1974, dos astrofísicos estadounidenses, Joseph Taylor y Russell Hulse (ambos en la Universidad de Massachusetts Amherst; Taylor como profesor y Hulse como su estudiante de doctorado), descubrieron el primer sistema binario de púlsares conocido, bautizado como PSR B1913+16 (aunque hoy se conoce como *púlsar binario de Hulse-Taylor*). Este sistema está formado por dos estrellas de neutrones que se orbitan mutuamente y que se formaron después de que las estrellas masivas que las precedieron dieran lugar a sendas supernovas.

Por entonces Hulse y Taylor utilizaban el telescopio de Arecibo: una enorme antena parabólica de 305 metros de diámetro situada en Puerto Rico, famosa fuera de los círculos de la investigación astronómica por aparecer en 1995 en una película de James Bond, *GoldenEye*, y en 1997 en el filme *Contact*, protagonizado por Jodie Foster.[65] Los dos astrofísicos estaban inmersos en el frenesí de los púlsares, que hacía furor a principios de la década de 1970 a raíz del descubrimiento de Jocelyn Bell Burnell en 1967. Al principio creyeron haber detectado un púlsar normal y corriente, que emitía ondas de radio pulsátiles cada 59 milisegundos (es decir, que giraba sobre su eje 17 veces por segundo).

Pero al seguir observando su recién descubierto púlsar, detectaron algo extraño. Entre los sucesivos pulsos no había siempre una diferencia exacta de 59 milisegundos: cada vez que realizaban una nueva medición, el tiempo entre pulsos resultaba ser ligeramente más largo o más corto. Eso era algo raro: los púlsares se cuentan entre los relojes más precisos del universo, de modo que su periodo (el tiempo entre pulsos) no debería variar. Cuando representaron gráficamente los tiempos que estaban midiendo, obtuvieron una curva en forma de onda: una curva sinusoidal. Las variaciones en el tiempo entre pulsos volvían a las mismas mediciones: cada 7 horas y 45 minutos. La regularidad era tal que podían predecir el periodo en función del tiempo transcurrido desde la última medición.

65. El telescopio de Arecibo sufrió grandes daños durante el huracán María en 2017. Dos fallos posteriores en los cables de sustentación, en agosto y noviembre de 2020, llevaron a tomar la decisión de desmantelarlo de forma segura. Sin embargo, antes de que pudieran iniciarse los trabajos, el telescopio se derrumbó y sufrió daños irreparables.

Hulse y Taylor comprendieron que esto podía explicarse si el púlsar estaba en órbita alrededor de otra estrella,[66] de manera que las mediciones más cortas del tiempo entre pulsos se registraban cuando el púlsar se acercaba a la Tierra en su órbita, mientras que los periodos más largos se producían al alejarse de nuestro planeta, en un ciclo que se repetía cada 7 3/4 horas. Era la primera vez que se descubría un púlsar en un sistema binario así, por lo que durante los seis años siguientes se estudió con insoportable detalle hasta que se descubrió otra curiosa propiedad: la órbita de 7 3/4 horas de las dos estrellas se reducía poco a poco. Ambas órbitas estaban decayendo: las estrellas perdían energía a medida que se acercaban una a otra en una trayectoria espiral. Esa energía se perdía en el espacio y se propagaba en forma de ondas gravitatorias.

Fue Taylor, junto con el estadounidense L. A. Fowler y el australiano Peter McCulloch, quien dio a conocer los resultados al mundo en 1979, confirmando que el decaimiento orbital observado correspondía exactamente a lo que había predicho Einstein (al menos dentro de las incertidumbres relativas a nuestro conocimiento de la distancia del púlsar a la Tierra), a diferencia de lo que predecían otras teorías gravitatorias alternativas que se debatían en aquel momento.

Aquella fue la primera prueba indirecta de la existencia de las ondas gravitatorias. Taylor y Hulse obtendrían el Premio Nobel de Física en 1993 por su descubrimiento de PSR B1913+16; un descubrimiento que, según la mención del premio, «ha abierto nuevas posibilidades al estudio de la gravitación».[67]

66. En aquel momento, Hulse y Taylor no se dieron cuenta de que la otra estrella era también una estrella de neutrones, a pesar de que no había ninguna compañera visible. Con el tiempo, otros grupos de investigadores que estudiaban el sistema confirmarían la naturaleza de la otra estrella.

67. Los Premios Nobel pueden compartirse por un máximo de tres personas. Por desgracia, L. A. Fowler falleció en 1983, a la edad de treinta y dos años, en un

Sin embargo, Taylor, Hulse, Fowler y McCulloch no fueron los primeros en considerar la posibilidad de la existencia de ondas gravitatorias; gracias a la aceleración de los avances tecnológicos en todas las demás áreas de la astronomía producida tras la Segunda Guerra Mundial, algunos pusieron sus miras en la detección real de ondas gravitatorias aquí en la Tierra. Esta fiebre alcanzó su punto álgido en la década de 1970, después de que Joseph Weber, un ingeniero de la Universidad de Maryland, afirmara falsamente que había detectado este tipo de ondas en 1969.

Weber tenía un gran cilindro de aluminio que, según él, sonaba como un gong al recibir el impacto de una onda gravitatoria. Las supuestas detecciones de Weber no tenían sentido desde una perspectiva científica, y fueron desacreditadas por muchos de los astrofísicos más destacados de la época. Pero sus falsas afirmaciones espolearon a otros a redoblar la búsqueda y construir sus propios detectores de ondas gravitatorias. El descubrimiento del decaimiento orbital de PSR B1913+16 no hizo sino echar más leña al fuego. Pero ¿cómo se detecta de hecho una onda gravitatoria?

Las ondas gravitatorias estiran y contraen el propio espacio conforme lo atraviesan, de manera que las distancias entre los objetos que hay en él se acortan y se alargan a su paso. Si puede medirse la variación de la distancia entre dichos objetos, eso significa que se puede detectar la presencia de la onda gravitatoria. Pero para ello hay que ser muy preciso, por lo que el método de medición preferido suele ser el láser. Un láser es una fuente emisora de luz de solo una determinada longitud de onda (y, por tanto, de un único color; de ahí que podamos

---

accidente de escalada. No sé por qué no se lo dieron también a McCulloch. Quizá porque la interpretación de que la energía se perdía en forma de ondas gravitatorias todavía no estaba del todo consensuada en el momento en que se concedió el galardón.

elegir entre un puntero láser verde o rojo), que se emite en la misma dirección para generar un haz muy concentrado. Eso nos permite apuntar en una dirección y saber que la mayor parte de la luz se mantendrá en ella, a diferencia de lo que ocurre con una bombilla, cuya luz se dispersa desordenadamente en todas direcciones.

Por lo tanto, si diriges un láser hacia un espejo, la mayor parte de la luz llegará al espejo y se reflejará en él, por lo que podrás volver a detectar el rayo reflejado en el mismo sitio donde se emitió (no lo intentes con un espejo en casa: ¡los láseres pueden cegar!). Conociendo la velocidad de la luz, se puede calcular entonces la distancia que ha recorrido el láser en su trayecto de ida y vuelta gracias a la vieja ecuación clásica: distancia = velocidad × tiempo. He aquí, pues, una forma precisa de medir la distancia entre dos objetos (en este caso, la fuente emisora del láser y el espejo) que nos permite comprobar si entre ellos pasan ondas gravitatorias que estiran y contraen dicha distancia.[68]

El problema que tienen las ondas gravitatorias, como señaló el propio Einstein, es que su efecto (es decir, el grado en que estiran y contraen el espacio) es extraordinariamente minúsculo. Hablamos de una variación de la distancia entre dos objetos menor que el diámetro de un protón: menos de 0,0000000000000001 m. Medir cualquier cosa con tanta precisión, incluso utilizando un láser, resulta muy difícil. Sin embargo, entre las décadas de 1960 y 1970 (no hay un auténtico consenso acerca de quién tuvo la idea «primero»), los astrofí-

68. Así medimos también de forma precisa la distancia de la Tierra a la Luna. En su momento se dejaron en la superficie lunar cinco «retrorreflectores», espejos que hacen que la luz rebote en la misma dirección de la que procede (como las marcas viales que de noche reflejan la luz en las carreteras). Tres fueron instalados en misiones del Programa Apolo de la NASA, y los otros dos en misiones no tripuladas del Programa Luna de la antigua Unión Soviética. Usando estos retrorreflectores y un láser muy potente, los astrofísicos han podido averiguar que la Luna se aleja de la Tierra unos 4 centímetros por año.

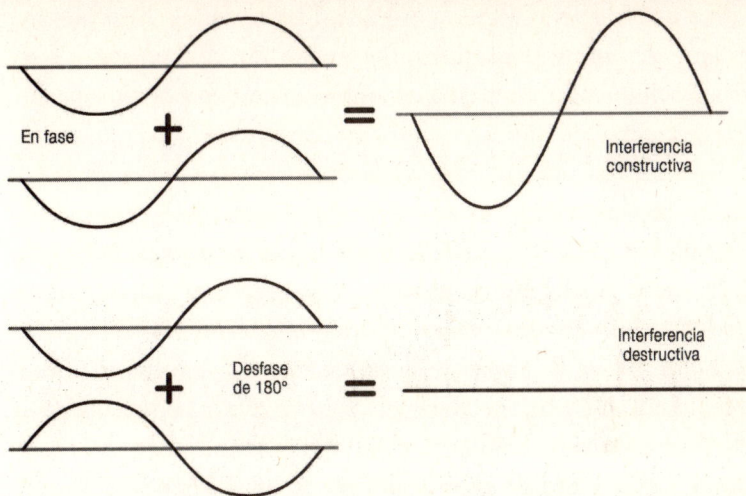

En fase + = Interferencia constructiva

Desfase de 180° + = Interferencia destructiva

Interferencia constructiva (arriba) y destructiva (abajo)
entre ondas en fase y desfasadas respectivamente.

sicos se dieron cuenta de que podían usar un truco de la física para poder hacer mediciones tan precisas; de nuevo gracias a la propia naturaleza de los láseres.

La luz emitida por los láseres es homogénea: los picos y valles de todas las ondas están alineados, algo que los físicos llaman *estar en fase* (es como estar sincronizado con alguien). Si añadimos un segundo láser al paquete, podemos posicionarlo de forma que las ondas de los dos láseres también estén en fase y entonces, cuando lleguen al detector, ambas se sumen y detectemos un haz de luz el doble de brillante. Decimos entonces que entre las dos ondas se da una *interferencia constructiva*. Pero también podemos posicionar el segundo láser de modo que sus ondas estén desfasadas, desalineadas, con lo que se anularán por completo y no detectaremos luz alguna. En este caso decimos que entre los dos haces de luz se produce una *interferencia destructiva*. Así es justamente como funcionan los auriculares con cancelación activa de ruido: registran las ondas sonoras que reciben y reproducen al mismo tiempo en el oído la onda sonora desfasada inversa a fin de que ambas se anulen por interferencia destructiva.

Uno de los mejores métodos para detectar ondas gravitatorias consiste, pues, en usar este truco físico de las ondas que interfieren entre sí. Los detectores se construyen en forma de L, con dos láseres que se disparan a 90 grados el uno del otro y se reflejan en sendos espejos que vuelven a unirlos, de manera que quedan perfectamente desalineados y se anulan el uno al otro mediante una interferencia destructiva. Hay un detector perfectamente posicionado para registrar la combinación de los dos haces: si todo es normal, las distancias entre los láseres y los espejos permanecen invariables y el detector no registra luz. Pero si la distancia entre uno de esos dos pares láser-espejo varía debido al paso de una onda gravitatoria, la diferencia de fase entre los dos láseres también cambia y el detector registrará una parte de la luz. En función de la brillantez del haz detectado (desde la ausencia de detección hasta el doble del brillo de un solo láser), puede determinarse el grado de desfase entre las dos ondas en relación con la longitud de onda de la luz emitida por el láser. Este método (denominado *interferometría*, porque utiliza la interferencia entre dos ondas) permite medir las diminutas variaciones de la distancia entre dos objetos causadas por las ondas gravitatorias, incluso por debajo del tamaño de un protón.[69]

En 1971, el físico estadounidense Robert L. Forward construyó el primer prototipo de detector de ondas gravitatorias mediante interferometría láser. Cada brazo de la L medía 8,5 me-

---

69. Por lo tanto, los detectores de ondas gravitatorias así construidos solo pueden detectar una determinada frecuencia de onda gravitatoria. Esta depende de la longitud de onda del láser que se utilice y de la distancia entre el láser y el espejo. No tiene nada que ver con la amplitud de la onda gravitatoria.

tros de largo y el detector permaneció activo durante 150 horas para registrar cualquier potencial onda gravitatoria, pero no obtuvo resultados (tampoco coincidió con ninguno de los detectores de ondas gravitatorias de «gong» de Weber). Otro científico estadounidense, el astrofísico Rainer Weiss, del Instituto de Tecnología de Massachusetts (MIT), advirtió que la detección de ondas gravitatorias requería distancias mucho mayores de 8,5 m entre el láser y el espejo; a principios de la década de 1970 calculó que, para detectar ondas gravitatorias procedentes del púlsar del Cangrejo (formado en la supernova que habían observado los astrónomos chinos en 1054), la distancia entre el láser y el espejo había de ser de un kilómetro. Incluso llegó a sugerir la construcción de un interferómetro en el espacio.[70]

En el verano de 1975, Rainer Weiss se reunió con su viejo amigo Kip Thorne, un físico teórico estadounidense que trabajaba en el Instituto de Tecnología de California (Caltech), conocido por sus trabajos sobre los agujeros negros y la relatividad general.[71] Los dos asistían a una conferencia en Washington sobre cosmología y relatividad, y, según Weiss, pasaron toda la noche anterior hablando de las grandes incógnitas que planteaba la investigación sobre la gravedad, antes de decidir que en el futuro ambos se centrarían conjuntamente en la cuestión de las ondas gravitatorias. Para abordar en serio el problema sabían que necesitaban dos cosas: 1) mucha financiación, y 2) un físico experimental (Weiss y Thorne estaban muy inmersos en la teoría de las ondas gravitatorias, pero no dominaban tanto la ingeniería ni el diseño de experimentos más allá de los prototipos).

70. Un sueño que podría hacerse realidad en el siglo XXI gracias al proyecto de la NASA de construir la denominada Antena Espacial de Interferometría Láser (LISA, por sus siglas en inglés), que se lanzará en 2037 (como muy pronto).

71. Actualmente es muy conocido también por su asesoramiento científico en el épico filme de ciencia ficción *Interstellar* (2014), de Christopher Nolan.

Conseguir financiación no fue fácil: había muchos obstáculos que superar, entre ellos la necesidad de un montón de avances tecnológicos. Una de las cosas que se requerían era una forma de aislar los láseres y los espejos de cualquier posible actividad sísmica. Aunque los terremotos de gran magnitud capaces de causar una enorme destrucción son muy raros, es muy habitual que se produzcan movimientos sísmicos de menor potencia que provocan sacudidas menos intensas, apenas perceptibles para nosotros los humanos en nuestras actividades cotidianas. Según el consorcio estadounidense IRIS (por las siglas inglesas de Instituciones de Investigación Sismológica Asociadas), cada día se producen en todo el mundo una media de varios cientos de seísmos de magnitud inferior a 2 en la escala de Richter (aproximadamente la misma potencia que el impacto de un rayo en el suelo). Dado el nivel de precisión y sensibilidad requerido en los detectores de ondas gravitatorias, había que aislarlos de este tipo de sacudidas, ya que de lo contrario lo único que se habría hecho es construir un carísimo detector de terremotos.

De manera similar, incluso el paso de un camión pesado por las inmediaciones podría bastar para sacudir la instalación del láser y el espejo. Montar el detector bajo tierra a gran profundidad solucionaría la cuestión de los camiones, pero agravaría el problema sísmico. Finalmente, sería el físico italiano Adalberto Giazotto, que trabajaba en la Universidad de Pisa, quien daría con la solución. Giazotto estaba desarrollando nuevos sistemas de suspensión, que él denominaba *superatenuadores*. Presentó su nuevo dispositivo en una reunión celebrada en Roma en 1985, donde señaló que serían capaces de aislar los espejos de cualquier actividad sísmica. En el mismo encuentro, el físico francés Jean-Yves Vinet, que había estado trabajando en el Laboratorio de Óptica Aplicada de París, presentó su trabajo sobre el reciclado de láseres, una técnica que permitía aumentar la potencia de estos para que siguieran siendo detectable a las grandes distancias involucradas en los detectores de ondas gravitatorias.

En Europa ya existía un gran interés por construir un interferómetro de ondas gravitatorias, una idea impulsada por el físico francés Alain Brillet, pero el principal obstáculo volvía a ser la financiación. Con el tiempo, no obstante, tanto el proyecto estadounidense como el europeo obtendrían la financiación necesaria, después de haberse visto postergados durante muchos años por otros proyectos, como el llamado Very Large Telescope (VLT, literalmente 'Telescopio Muy Grande'), construido en el desierto chileno de Atacama.[72] En 1988, la colaboración Caltech-MIT de Weiss y Thorne obtuvo la financiación de la Fundación Nacional de Ciencias de Estados Unidos, y el proyecto recibió el nombre de Observatorio de Ondas Gravitatorias por Interferometría Láser (LIGO, por sus siglas en inglés). Por su parte, el proyecto colaborativo europeo de Brillet, Vinet y Giazotto fue financiado de manera conjunta por el CNRS francés (Centro Nacional de Investigación Científica) en 1993 y el INFN italiano (Instituto Nacional de Física Nuclear) en 1994, y bautizado como Observatorio Virgo, por el nombre del mayor cúmulo de galaxias cercano, situado en la constelación homónima.

Una vez resueltos los problemas financieros, el problema era construir y poner en funcionamiento los interferómetros. El proyecto LIGO sufrió enormemente en sus primeros años debido a las discrepancias entre sus miembros en torno a su construcción y gestión. En 1994, un físico experimental estadounidense llamado Barry Clark Barish fue nombrado director del proyecto. Era experto en física experimental de altas energías y,

72. Gran parte de mi ámbito de investigación utiliza datos del VLT chileno, ¡así que estoy bastante agradecida de que también se financiara este proyecto!

de manera crucial, tenía experiencia en la gestión de este nuevo tipo de instalaciones de física de alto presupuesto. Barish rediseñó todo el proyecto y decidió que se construiría en dos fases: primero se crearía un prototipo inicial, que luego podría mejorarse en caso necesario para aumentar la sensibilidad y la precisión en la fase final. Dadas las complejidades técnicas del interferómetro, fue una decisión muy inteligente.

La construcción de los prototipos de LIGO y Virgo progresó a lo largo de la década de 1990, y se fueron resolviendo los problemas a medida que surgían. Virgo encontró un emplazamiento en la Toscana italiana, mientras que LIGO había de contar con dos detectores separados en Estados Unidos, uno en Livingston (Luisiana) y el otro en Hanford (Washington). De nuevo, esta última fue una decisión inteligente, en tanto implicaba que si los detectores de ambas ubicaciones, separados por unos 3.000 kilómetros de distancia, registraban exactamente la misma detección con unos 10 milisegundos de diferencia (el tiempo de viaje de la luz entre ambos emplazamientos), se podía estar seguro de que había detectado una onda gravitatoria y no una perturbación local (como un camión muy pesado que circulara por encima). Asimismo, a partir del retardo se podría tener una buena idea de la dirección de la que procedía la onda gravitatoria en el espacio. Añadiendo un tercer detector, la precisión sería aún mayor: en este caso se podría triangular literalmente la dirección de la onda gravitatoria. De modo que en 2007 los proyectos LIGO y Virgo, hasta entonces independientes, aunaron fuerzas para compartir resultados y detecciones.

Pese a que a finales de la década de 2000 se llevaron a cabo múltiples observaciones, no se produjo detección alguna. Hubo que realizar diversas actualizaciones para mejorar la sensibilidad de los detectores y su aislamiento de la actividad sísmica, las cuales se implementaron a principios de la década de 2010, y los detectores no volvieron a estar activos hasta septiembre de 2015. En los días posteriores, los detectores permanecieron en «modo ingeniería» con el fin de poder seguir realizando ajustes y calibraciones en caso necesario. Fue en este periodo cuando el astrofísico italiano Marco Drago, que trabajaba como investigador posdoctoral[73] en el Instituto Max Planck de Física Gravitatoria de Hannover, recibió un correo electrónico del sistema automatizado de LIGO informándole de que se había producido una detección tanto en Livingston como en Hanford.

Las dos detecciones eran idénticas y tenían la forma adecuada para corresponder a una onda gravitatoria procedente de dos agujeros negros, pero se registraron en momentos ligeramente distintos en cada detector, con unos milisegundos de diferencia. Solo podía tratarse de una de estas dos cosas: 1) una onda gravitatoria real, o 2) una señal de modelización falsa, «inyectada» artificialmente en el sistema para comprobar que todos los procedimientos de detección funcionaban correctamente. Sin embargo, LIGO aún estaba en modo ingeniería, lo que implicaba que todavía no era posible inyectar señales falsas. Drago sabía que la detección tenía que ser real, pero le pidió a un colega, otro investigador posdoctoral llamado Andrew Lundgren, que lo verificara. Ambos llamaron tanto a Livingston como a Hanford a fin de comprobar si había algo inusual de lo que informar, pero no lo había. Una hora después de recibir el primer mensaje, Drago envió un correo electrónico a todos los integrantes de LIGO preguntando si había alguna forma de que se generara una señal espuria en ambos detectores, pero no obtuvo respuesta. En los días siguientes, altos cargos de LIGO confirmaron a los miembros del proyecto que no se habían inyectado señales falsas. Dos días después de activarse

---

73. Un saludo a mis colegas de posdoctorado. ¡Lo tenemos chupado!

tras su actualización, LIGO había logrado por fin aquello de lo que Weiss y Thorne habían estado hablando aquella lejana noche cuarenta años antes.

Probablemente este descubrimiento ha sido el secreto peor guardado de la historia de la astronomía. La envergadura del proyecto LIGO es tal que al final se corrió la voz. Por entonces yo estaba cursando mi doctorado en la Universidad de Oxford, y en unas semanas parecía que todo el mundo en la comunidad astronómica estaba alborotado con la noticia de que LIGO había detectado *algo*. Nadie supo muy bien de qué se trataba hasta que se anunció oficialmente la noticia en una rueda de prensa seis meses después, en febrero de 2016. Todos los miembros del proyecto habían dedicado ese tiempo a confirmar que la señal no se debía a un fallo en los detectores, a un seísmo o incluso a posibles fuentes de luz espurias. Bautizada con el poético nombre de GW150914 (por la fecha en la que se detectó), aquella señal constituía la primera detección directa de ondas gravitatorias de la historia, y su forma coincidía además con las predicciones de la teoría de la relatividad general de Einstein con respecto a la trayectoria de aproximación espiral y la fusión de un par de agujeros negros.

No solo era otra victoria para la relatividad general; también era la primera vez en la historia de la humanidad que habíamos observado el universo con algo distinto a la luz visible. Podíamos «ver» de una forma completamente nueva. Pero no fueron las representaciones visuales de la señal las que captaron la atención de la opinión pública, sino el sonido que surgió cuando se convirtió en frecuencias del rango auditivo humano, que hizo las delicias de todo el mundo. Se parece al sonido que se produce cuando te metes el dedo índice en la boca, la cierras, desplazas el dedo hacia la parte interna de la mejilla y luego lo liberas de golpe: ¡*pop!* Quizá sea esta una de mis partes favoritas de toda la historia: que un humilde *pop* de la mejilla pueda representar la más devastadora de las colisiones entre dos de los mayores misterios del universo.

El descubrimiento de las ondas gravitatorias se vio recompensado en 2017 con el Premio Nobel de Física. El galardón se repartió entre Rainer Weiss, Kip Thorne y el inteligente director del equipo LIGO, Barry Barish. Pero dada la envergadura de la colaboración LIGO-Virgo, y de muchos otros experimentos de física de todo el mundo, un premio concedido a solo tres personas no sinteriza muy bien la magnitud del esfuerzo humano consagrado a este único descubrimiento. Solo en el proyecto LIGO trabajan más de 1.200 personas.

Aquella primera detección de ondas gravitatorias confirmó la existencia de sistemas binarios de agujeros negros —en los que dos estrellas masivas habían vivido, muerto y dado origen a supernovas—, algo que los astrónomos hacía tiempo que sospechaban pero que no habían podido demostrar. No pasó mucho tiempo antes de que se realizaran nuevas detecciones (una de ellas en diciembre de 2015, aun antes de que se anunciara la primera) y en octubre de 2020 su número ascendía a cincuenta. Las fuentes son de diversa índole, desde fusiones binarias de agujeros negros hasta fusiones binarias de estrellas de neutrones, pasando por fusiones de estrellas de neutrones con agujeros negros. Las fusiones binarias de estrellas de neutrones suelen dar lugar a las observaciones más interesantes, dado que también emiten un destello de luz antes de que su masa combinada colapse en un agujero negro. Esto puede darnos la distancia exacta a la que se encuentra el par de estrellas, además de una estimación más precisa del límite de Tolman-Oppenheimer-Volkoff para la masa máxima de una estrella de neutrones (o la masa mínima de un agujero negro).

No sabemos qué puertas a nuevos descubrimientos abrirá esta detección en el futuro, pero lo que sí sabemos es que ha transformado por completo y de manera irrevocable todo el ámbito de la astronomía. Al igual que los telescopios nos proporcionaron una forma de ver todo el espectro de la luz cuando antes estábamos limitados a lo que podían revelarnos nuestros ojos, hoy los detectores de ondas gravitatorias nos brindan también una visión completamente nueva.

9

Tu amigo y vecino el agujero negro

Repitiendo las sabias palabras de Douglas Adams: ¡que no cunda el pánico! Cuando le digo a la gente que mi más ferviente deseo es que el Sistema Solar tenga su propio agujero negro, me miran con expresión de repulsa y horror. Pero, como ya hemos visto, los agujeros negros no son aspiradores: en el Sistema Solar, el papel de un agujero negro sería más bien el de una especie de pastor gravitatorio. Así que tener un agujero negro en nuestra galaxia no sería algo malo: sería *genial*.

Por desgracia, todavía no ha habido noticias confirmadas (o «avistamientos»... ¡¿lo pillas?!) de la existencia de agujeros negros en el Sistema Solar. El más cercano a la Tierra que conocemos es V616 Monocerotis, que, aunque parezca el nombre de una enfermedad, de hecho es un agujero negro 6,6 veces más masivo que el Sol, comprimido en un espacio un poquito más pequeño que el planeta Neptuno. Se halla bastante cerca de nosotros, a 3.000 años luz (unos 28.400 billones de kilómetros), pero mucho más lejos que la estrella más cercana al Sol, que se encuentra a solo cuatro años luz. Así pues, en el panorama general del universo, está cerca en términos astronómicos, pero no es exactamente el sitio en el que pensaríamos para ir de compras.

Por fortuna, V616 Monocerotis orbita felizmente alrededor de otra estrella, bastante parecida a nuestro Sol, de la que el agujero negro va arrastrando poco a poco material hacia un disco de acreción que de vez en cuando emite un destello de rayos X, justo para que sepamos que está ahí. Por lo demás, no hay en él nada muy destacable, aparte de su proximidad a la Tierra. Y ya hemos convenido en que nuestra tranquila región de la Vía Láctea no tiene nada de particular.

Lo que hace a este agujero negro auténticamente interesante para la raza humana no es que hayamos detectado luz procedente del material que gira en un torbellino espiral a su alrededor, sino el hecho de que también nosotros le hemos enviado una señal luminosa. El 15 de junio de 2018, tres meses después de la muerte del astrofísico británico Stephen Hawking —que dedicó su vida a descifrar las matemáticas subyacentes a los agujeros negros—, la Agencia Espacial Europea emitió una señal en dirección a V616 Monocerotis en su honor. Llegará en el año 5475, y será la primera «comunicación» humana con un agujero negro.

Sin embargo, V616 Monocerotis es solo el agujero negro más cercano *conocido*. Pero ¿y si resulta que no es el más cercano? Podría haber otro más próximo a nosotros; quizá un par de agujeros negros orbitándose mutuamente, como el sistema cuyas ondas gravitatorias detectó LIGO, que no tienen cerca ningún material que calentar para indicarnos mediante rayos X que están ahí. ¿O tal vez uno escondido a plena vista en nuestro propio Sistema Solar?

La idea no es tan descabellada como parece, te lo aseguro. Hay buenas razones para pensar que podría haber un agujero negro del tamaño de una pelota de tenis merodeando por la linde del Sistema Solar, mucho más allá de la órbita de Plutón, haciendo de las suyas. Para empezar, los astrónomos siempre han encontrado las órbitas de Urano y de Neptuno un poco raras. Tanto es así que, tras el descubrimiento de este último en 1859 (después de la famosa predicción de Le Verrier con respecto a su ubicación), de inmediato se empezó a buscar otro planeta situado aún más lejos (llamado Planeta 9) que pudiera estar perturbando tanto su órbita como la de Urano: tirando de ellos por la acción de la gravedad y haciendo así que sus órbitas sean mucho más elípticas que las de los otros planetas del Sistema Solar.

En 1930 pareció que por fin se había localizado aquel escurridizo «Planeta 9» cuando, con solo veinticuatro años, el astrónomo estadounidense Clyde Tombaugh descubrió Plutón. Tombaugh había recibido el testigo en la búsqueda del planeta de manos de su colega y compatriota Percival Lowell. Nacido en la élite de Boston, Lowell estudió, como era de esperar, en la Universidad de Harvard. Tras licenciarse, durante seis años dirigió una fábrica de algodón ubicada en la misma ciudad y luego pasó la década siguiente viajando por toda Asia. Cuando finalmente regresó a Estados Unidos, en las postrimerías del siglo XIX, decidió dedicarse a la astronomía. Pero no lo hizo como lo haría cualquiera de nosotros, buscando un empleo, sino que en lugar de ello utilizó el dinero que había heredado y había ganado para fundar un nuevo observatorio: el Observatorio Lowell, en las afueras de Flagstaff, Arizona. Lowell eligió específicamente ese emplazamiento por su elevada altitud y su lejanía de fuentes de contaminación lumínica urbana, las mejores condiciones posibles para la astronomía. Era la primera vez que se escogía la ubicación de un observatorio basándose en tales condiciones (en lugar de basarse, por ejemplo, en la comodidad), pero actualmente es así como se elige el emplazamiento de todos los observatorios profesionales, con requisitos comunes como la lejanía de zonas pobladas, la altitud y un clima seco. Pensemos en los observatorios de Mauna Kea (en Hawái), el desierto chileno de Atacama o el Parque Nacional australiano de Warrumbungle.[74]

74. Todos ellos son lugares a los que los astrónomos estamos encantados de

Fue en Flagstaff, en 1906, donde Lowell inició una intensa búsqueda del «Planeta 9» (o «Planeta X», como él lo llamaba). Siguiendo el ejemplo del Observatorio del Harvard College, donde se dedicaban a clasificar estrellas, también Lowell contrató a un equipo de mujeres «computadoras» para llevar a cabo el tedioso escrutinio de las placas fotográficas, bajo la dirección de Elizabeth Langdon Williams. Hacía poco que esta última se había licenciado con honores en Física por el MIT (en 1903), convirtiéndose en una de las primeras mujeres en lograrlo. Lowell la contrató inicialmente en 1905 para corregir sus publicaciones científicas y más tarde le pidió que dirigiera el equipo de computadoras del observatorio. Lowell le había dado a Williams una idea aproximada de dónde creía que estaría Plutón (orbitando en el mismo plano que Urano, a unas cuarenta y siete veces la distancia de la Tierra al Sol), y a ella se le encomendó la ardua tarea de calcular las posibles órbitas del «Planeta 9» a fin de aconsejar en qué regiones del firmamento había que buscar.

Luego Lowell observaba regularmente aquellas zonas del cielo con el telescopio del observatorio, comparando las imágenes más recientes con las captadas con anterioridad para ver si se detectaba algún movimiento por delante de las estrellas del fondo (digamos una vez más que, según los estándares actuales, Williams se ocupaba de la astrofísica y Lowell de la astronomía). Este último seguiría buscando hasta su muerte en 1916, pero nunca encontraría su objetivo. Retrospectivamente, sin embargo, hoy sabemos que el Observatorio Lowell captó de hecho dos imágenes muy tenues de Plutón en 1915, pero se pasaron por alto en la búsqueda.[75]

viajar, especialmente si podemos añadir unos días de vacaciones una vez terminado el trabajo de observación.

75. En 2000, Greg Buchwald, Michael Dimario y Walter Wild (tres astrónomos aficionados) informaron sobre otro «predescubrimiento» de Plutón en una

Tras la muerte de Lowell, la búsqueda se interrumpió durante más de una década. Durante ese tiempo, Williams se casó con un astrónomo británico que también trabajaba en el observatorio, George Hall Hamilton, y fue prontamente despedida de su puesto de computadora jefa porque al parecer no era apropiado emplear a una mujer casada. Así pues, cuando al final se reanudó la búsqueda en 1929, fue el recién contratado Clyde Tombaugh quien tomó el relevo. Tombaugh había impresionado al director del observatorio, Vesto Melvin Slipher,[76] con los dibujos científicos de Marte y Júpiter que había hecho empleando un telescopio que él mismo había construido y probado en la granja de su familia en Kansas.

A Tombaugh se le encomendó la tediosa tarea de buscar el «Planeta 9» cotejando exhaustivamente pares de fotografías de regiones idénticas del cielo nocturno tomadas con una semana

---

serie de placas fotográficas tomadas en agosto de 1901 en el Observatorio Yerkes de Williams Bay, Wisconsin. Se trata del primer «predescubrimiento» conocido, al que se unen otros catorce avistamientos del planeta realizados desde observatorios de todo el mundo. Estas observaciones adicionales revisten una tremenda importancia para nuestra comprensión de la órbita de Plutón. El planeta tarda casi 248 años terrestres en completar una órbita alrededor del Sol, de manera que desde su descubrimiento en 1930 solo ha recorrido alrededor del 37 % de su órbita. Las observaciones adicionales realizadas hasta 1901 abarcan casi la mitad de dicha órbita, lo que nos permite conocerla con mayor precisión.

76. En 1912, Slipher fue la primera persona que observó y registró el desplazamiento hacia el rojo de la luz de las galaxias, lo que constituía la primera prueba experimental de la expansión del universo. A menudo se atribuye erróneamente a Edwin Hubble la autoría de esas observaciones; pero, de hecho, Hubble combinó sus propias mediciones de las distancias de las galaxias con las observaciones de Slipher sobre el desplazamiento hacia el rojo para demostrar en 1929 que existía una correlación entre ambas. George Lemaître había predicho dicha correlación dos años antes (utilizando las ecuaciones de la relatividad general de Einstein) y había afirmado que, si se constataba, el universo debía de estar en expansión. Según Allan Sandage (que, partiendo de la correlación descubierta por Hubble, hizo en 1958 la primera estimación precisa de la edad del universo), el propio Hubble siempre dudó de la interpretación de sus resultados como evidencia de un universo en expansión.

de diferencia. Al cabo de un año de búsqueda, al final encontró un objeto desconocido que se había desplazado en unas imágenes tomadas tan solo unas semanas antes, en enero de 1930. Unas cuantas observaciones más confirmaron que el objeto era real y seguía moviéndose en la misma dirección, y finalmente el descubrimiento se anunció al mundo en marzo de 1930.

Una vez que la noticia hubo saltado a los titulares de todo el globo, la pregunta en boca de todos era cómo se llamaría el nuevo planeta del Sistema Solar. El Observatorio Lowell, al que correspondía el privilegio de ponerle nombre por haberlo descubierto, recibió por correo más de un millar de sugerencias de aficionados a la astronomía de todo el mundo. La viuda de Percival, Constance Lowell, que había asumido la gestión de su legado, sugirió Zeus (por el dios griego de los cielos), e incluso el nombre de su marido y el suyo propio: Percival y Constance. Como era de esperar, Slipher y Tombaugh rechazaron todas esas propuestas (incluida la de Zeus, dado que todos los demás planetas del Sistema Solar tienen nombres romanos, no griegos, y el equivalente romano de Zeus es Júpiter).

Plutón es el dios romano del inframundo y, según explicaría Clyde Tombaugh, quien propuso originariamente el nombre fue una niña de once años de Oxford: Venetia Burney. Pero no se trataba de una niña cualquiera, sino de la nieta de un bibliotecario jubilado de la Biblioteca Bodleiana de la Universidad de Oxford, Falconer Madan. Este tenía amigos en las altas esferas a los que pudo transmitir la sugerencia, en especial Herbert Hall Turner, titular de la cátedra de Astronomía Saviliana (llamada así en honor al erudito británico Henry Savile) y director del Observatorio Radcliffe de la misma Universidad (y, si recuerdas, también autor de la *Astronomía moderna* de la que hablamos en el prólogo). Turner envió entonces un telegrama a sus colegas del Observatorio Lowell, que incluyeron la sugerencia en una lista de posibles nombres (junto a otros como Minerva y Cronos). Luego se celebró una votación entre el personal del observatorio; el resultado fue unánime y, el 24 de marzo de 1930, el «Planeta X» de Lowell recibió oficialmente el nombre de Plutón.[77]

Al final, Plutón se encontró a solo seis grados de donde Lowell (con ayuda de los cálculos de Williams) había predicho que estaría. De manera que, en un primer momento, los físicos se convencieron de que Plutón era el responsable de las aberraciones de las órbitas de Urano y Neptuno. Se calculó la masa del nuevo planeta partiendo del tamaño que debería tener para afectar a ambas órbitas: siete veces la masa de la Tierra. Pero dado lo tenue que parecía Plutón en el firmamento (un cuerpo más grande habría de reflejar más luz y parecer más brillante), esta cifra se puso en duda. En 1931, la estimación se revisó a la baja hasta situarla entre 0,5 y 1,5 veces la masa de la Tierra, y aún seguiría bajando más conforme avanzaba el siglo xx. En 1948, el astrónomo holandés Gerard Kuiper calculó que solo representaba el 10 % de la masa de la Tierra, pero en realidad esta seguía siendo una burda sobreestimación.

En 1978, los astrónomos Robert Harrington y Jim Christy, del Observatorio Naval de Estados Unidos, descubrieron Caronte, la luna de Plutón. A partir de la órbita de Caronte, pudieron calcular que la masa de Plutón era solo un mísero 0,15 % de la de la Tierra (en realidad, en esta ocasión la cifra se queda un poco corta: las estimaciones modernas la sitúan en torno a un 0,22 % de la masa terrestre). Esta masa era demasiado reducida para explicar las aberraciones de la órbita de Urano, con

---

77. La mayoría de las lenguas también utilizan el nombre de Plutón, y algunas emplean su propio equivalente literal de dios del inframundo. Por ejemplo, en hindi, Plutón se conoce como Yama, derivado de Yamarāja, la deidad hindú, sij y budista de la muerte y el inframundo. De manera similar, en maorí, Plutón se conoce como Whiro, derivado a su vez de Whiro-te-tipua, la encarnación del mal que habita el inframundo en la mitología maorí.

lo que de nuevo se relanzó la búsqueda de un nuevo planeta, esta vez uno situado más allá de Plutón. Sin embargo, dicha búsqueda se vería interrumpida por los resultados de los vuelos de exploración de Urano y Neptuno (en 1986 y 1989, respectivamente) realizados por la *Voyager 2* (la única nave que ha visitado estos dos planetas), que proporcionaron a los astrónomos una estimación más precisa tanto de sus órbitas como de sus masas. Teniendo en cuenta las nuevas mediciones, la presunta aberración de ambas órbitas se desvaneció, junto con la necesidad del supuesto «Planeta X» de Lowell. Hoy, el hecho de que las predicciones de Lowell coincidieran con la zona del cielo en la que Tombaugh descubrió Plutón se considera tan solo una feliz coincidencia.

Lo que se iría descubriendo más allá de la órbita de Neptuno durante el resto del siglo XX no fue un nuevo planeta, sino una serie de numerosos cuerpos celestes más pequeños, situados en una zona que pasaría a conocerse como Cinturón de Kuiper, en honor al ya mencionado Gerard Kuiper. El Cinturón de Kuiper es parecido a un cinturón de asteroides, pero mucho mayor (unas 20 veces más ancho) y mucho más masivo (con hasta 200 veces más materia) que el cinturón de asteroides situado entre Marte y Júpiter. Quienes dieron el pistoletazo de salida fueron el astrónomo británico-estadounidense David Jewitt y la astrónoma vietnamita-estadounidense Jane Luu al descubrir los que serían los dos primeros objetos del Cinturón de Kuiper más allá de Plutón a principios de la década de 1990 (QB1, en 1992, y FW, en 1993). En la actualidad se han identificado más de 2.000 cuerpos celestes en el cinturón, pero se cree que hay más de cien mil objetos helados más pequeños en los confines del Sistema Solar.

En 2005, tres astrónomos estadounidenses que trabajaban en el Observatorio del Monte Palomar, ubicado a las afueras de la ciudad californiana de San Diego (Mike Brown, Chad

Trujillo y David Rabinowitz) anunciaron el descubrimiento de un nuevo objeto en el Cinturón de Kuiper. En un principio se le dio el nombre de 2003 UB313, pero finalmente sería bautizado como Eris, en honor a la diosa griega de la lucha y la discordia (como en el caso de Plutón, existen imágenes de «predescubrimientos» de Eris que se remontan a 1954). Unos meses después se descubrió la luna de Eris; esto permitió a Brown calcular que la masa de este es un 27 % mayor que la de Plutón, lo que lo convertía en el objeto más masivo descubierto en el Sistema Solar desde Tritón, la luna de Neptuno, en 1846.

La prensa mundial bautizó a Eris como el «décimo planeta», pero en los círculos astronómicos ese calificativo resultaría tremendamente controvertido. Había quienes pensaban que el descubrimiento de Eris, junto con el de otros objetos del Cinturón de Kuiper detectados al mismo tiempo, como Makemake y Haumea, constituían el mejor argumento en favor de la tesis de que en realidad solo había ocho planetas propiamente dichos en el Sistema Solar, ya que, de lo contrario, habría que contabilizar más de cincuenta y tres. Algunos astrónomos empezaron a abogar por replantear la clasificación de Plutón como planeta, si bien recelaban de la reacción de la opinión pública. Cuando, en el año 2000, el Planetario Hayden de Nueva York exhibió un modelo del Sistema Solar con solo ocho planetas, dejando fuera a Plutón, la noticia saltó a los titulares de todo el mundo debido al aluvión de quejas que recibieron de visitantes que expresaban todos ellos su afición a Plutón.

Las cosas finalmente llegaron a un punto crítico en 2006, cuando, en una reunión de la Unión Astronómica Internacional, se decidió por votación la definición oficial de lo que se consideraba un planeta del Sistema Solar. Un comité presentó una propuesta de definición, tras lo cual los participantes en la reunión emitieron su voto en una sesión presidida nada menos que por Jocelyn Bell Burnell (como hemos visto, la descubridora del primer púlsar). En la votación se aprobó la propuesta, y, en consecuencia, actualmente deben cumplirse tres criterios para que un determinado objeto del Sistema Solar se clasifique como planeta:

1. Debe estar en órbita alrededor del Sol.
2. Debe haber alcanzado un «equilibrio hidrostático» (es decir, tener la suficiente masa para que la gravedad lo haya redondeado de manera que, de ser un asteroide irregular y abultado con forma de patata, se haya convertido en algo similar a una esfera).
3. Debe haber despejado la vecindad de su órbita.

Ni Plutón ni ninguno de los demás objetos del Cinturón de Kuiper cumplen el tercero de estos criterios, dado que todos habitan en el mismo vecindario del Sistema Solar.[78] En su lugar, han pasado a clasificarse como *planetas enanos*, junto con algunos otros objetos, como Ceres, en el cinturón de asteroides. Está claro que al mundo en general no le sentó muy bien la decisión. La American Dialect Society, una sociedad científica consagrada al estudio de la lengua inglesa en Norteamérica, llegó a elegir *plutoed*, 'plutonizado', como palabra del año de 2006: en el habla popular, el término había pasado a convertirse en sinónimo de *degradado* o *devaluado*. Todavía no creo que internet haya dicho su última palabra ante esa degradación, dado que, cada vez que saco el tema, la indignación es absoluta. Aun-

78. Los forofos incondicionales de Plutón suelen quejarse de que esta definición debería descartar también a Júpiter, dado que este tiene toda una colección de asteroides agrupados delante y detrás de él en su órbita (conocidos como *asteroides troyanos*). Pero la diferencia de masa entre el gigantesco Júpiter y ese puñado de diminutos asteroides es enorme, mientras que la de los detritos que conforman el Cinturón de Kuiper es muy similar a la de Plutón. Así pues, no hay comparación posible.

que me gusta señalar a todos los forofos de Plutón que ahora al menos se le puede considerar «el Rey de los Enanos».

A finales de la década de 2000, el estudio de los recién clasificados como planetas enanos reveló nuevas peculiaridades orbitales que no podían explicarse. El planeta enano Sedna, por ejemplo, tiene lo que se conoce como una órbita «separada». A diferencia de otros «objetos transneptunianos» del Cinturón de Kuiper, Sedna nunca cruza la órbita de Neptuno; ambas órbitas son elípticas, por lo que podría decirse que el punto más cercano al Sol (perihelio) de la órbita de Sedna todavía está más lejos de este que el punto más lejano (afelio) de la de Neptuno (a diferencia de Eris y Plutón, cuyo perihelio se acerca más al Sol que el afelio de Neptuno, y que probablemente se vieron arrastrados a sus órbitas por la gravedad de este último planeta durante la formación del Sistema Solar). En realidad, Sedna se desplaza por el espacio al triple de distancia del Sol que Neptuno, en una órbita extremadamente elíptica que dura más de 11.000 años terrestres. ¿Cómo llegó a alcanzar una órbita tan extraña y distante? Una posibilidad es que se trate de un objeto que vagaba por el espacio interestelar y fue capturado por la gravedad del Sol. Otra opción es que se viera arrastrado hacia allí por la interacción del Sol con una estrella itinerante o, lo que resulta más emocionante aún, por la acción de otro planeta masivo situado en los confines del Sistema Solar.

Esta última hipótesis es la que defiende el descubridor de Sedna, el astrónomo estadounidense Mike Brown (que también descubrió Eris, lo que desencadenaría la degradación de Plutón y le valdría a Brown el apodo de «Plutonicida»). Tras el descubrimiento, a comienzos de la década de 2010, de otros seis objetos situados a enormes distancias y con órbitas separadas similares a Sedna, Brown y un colega de Caltech, el astrónomo ruso-estadounidense Konstantin Batygin, investigaron la cuestión más a fondo. Y descubrieron que todos estos objetos no solo se encuentran a distancias similares del Sol, sino que además todos orbitan en un mismo plano, como si los hubiera guiado hasta allí algún otro objeto situado en los confines del Sistema Solar. Brown y Batygin llegaron a la conclusión de que la explicación más probable era la existencia de un planeta entre 5 y 15 veces más masivo que la Tierra orbitando en la linde de nuestra galaxia.

De la noche a la mañana, Brown y Batygin desencadenaron por sí solos la búsqueda de un nuevo «Planeta 9» en el Sistema Solar; pero, como en su día dijera Carl Sagan: «Los postulados extraordinarios requieren pruebas extraordinarias». El Planeta 9 sigue siendo un planeta hipotético y, pese a los numerosos intentos de encontrarlo, hasta ahora no ha habido resultado alguno. Uno de dichos intentos lo realizó un grupo de voluntarios en el marco de una plataforma online de ciencia ciudadana llamada Zooniverse.[79] Como hiciera Tombaugh con Plutón, se mostró a los voluntarios dos imágenes infrarrojas de idénticas regiones celestes, obtenidas por la misión WISE (por las siglas inglesas de Explorador de Prospección de Campo Amplio en el Infrarrojo) de la NASA, a fin de que las cotejaran para detectar si algo se había movido. Aunque el proyecto no encontró el «Planeta 9», sí halló 131 nuevas estrellas enanas marrones más allá

79. En esta plataforma (https://www.zooniverse.org) hay numerosos proyectos de investigación que necesitan ayuda para clasificar enormes cantidades de datos y, de hecho, cuenta con más de 2,3 millones de voluntarios en todo el mundo. Zooniverse partió de un proyecto llamado Galaxy Zoo, creado originariamente por el astrofísico británico Chris Lintott en la Universidad de Oxford para clasificar el millón de imágenes de galaxias obtenidas a su vez por otro proyecto de investigación denominado Sloan Digital Sky Survey (SDSS). Resulta que Chris fue también mi director de tesis y, durante ese periodo, yo misma utilicé datos de Galaxy Zoo para realizar estudios sobre la evolución de las galaxias a gran escala. Mi doctorado fue posible, pues, gracias al esfuerzo de 300.000 voluntarios de todo el mundo que clasificaron galaxias en función de su forma, y estaré eternamente agradecida a todos ellos. Si eres uno de esos 300.000, ¡gracias!

del Sistema Solar, además de descartar una enorme región del firmamento para futuras búsquedas del hipotético planeta.

Lo que hace tan difícil la búsqueda del Planeta 9 es que, de existir, se calcula que orbitaría a más de 500 veces la distancia entre la Tierra y el Sol. Eso significa que tardaría una enorme cantidad de tiempo en completar una órbita alrededor de este, por lo que no cabe esperar que se pueda detectar su movimiento en el cielo en un plazo accesible a los humanos. Así pues, el «Planeta 9» sigue siendo hipotético y esquivo, y las órbitas de los objetos similares a Sedna continúan sin explicación.

En 2020, sin embargo, los investigadores Jakub Scholtz y James Unwin publicaron un artículo en el que vinculaban este inexplicado fenómeno a otro que a primera vista parecería del todo independiente. El denominado Experimento de Lente Óptica Gravitatoria (OGLE, por sus siglas en inglés), gestionado por la Universidad de Varsovia, utiliza un telescopio situado en el desierto de Atacama para detectar variaciones en el brillo de objetos celestes. Estas pueden deberse a cosas tales como estrellas pulsantes o supernovas, o también a un fenómeno conocido como *microlente gravitatoria*. Este último se produce cuando un objeto compacto, como una estrella de neutrones o un agujero negro, pasa por delante de una estrella más lejana. Debido a la curvatura del espacio, la luz de la estrella se desvía al pasar cerca del objeto compacto, que actúa como una lente que intensifica brevemente su brillo. Partiendo de la intensidad y duración de la variación del brillo de la estrella, se puede calcular —de nuevo utilizando las ecuaciones de la relatividad general de Einstein— la masa del objeto compacto que actúa como lente.

El proyecto OGLE lleva en funcionamiento desde 1992, y en ese tiempo ha detectado numerosas lentes gravitatorias causadas por agujeros negros de la Vía Láctea, todos ellos formados después de que una estrella pasara por la fase de supernova y diera lugar a un agujero negro por encima del límite de Tolman-Oppenheimer-Volkoff de unas tres veces la masa del Sol. Pero el equipo de OGLE también ha notificado la detección de seis fenómenos de microlente de duración ultracorta en la dirección del centro de la Vía Láctea (que también cruza el plano del Sistema Solar), que debían de estar causados por objetos de apenas 0,5-20 veces la masa de la *Tierra*. Una masa tan reducida implicaría que se trata o bien de una población de planetas errantes expulsados del sistema estelar en el que se formaron, o bien de una población de agujeros negros *primordiales*. Un agujero negro primordial es un tipo hipotético de agujero negro que se habría formado en el universo primigenio, cuando este era mucho más denso; de ser reales, serían los agujeros negros más antiguos que existen. Teóricamente, si en aquella época se aglutinara por azar la suficiente cantidad de materia, podría formarse un agujero negro diminuto, una idea que desarrolló Stephen Hawking en la década de 1970.

Lo que señalaban Scholtz y Unwin en su artículo (que llevaba por título: «¿Y si el Planeta 9 es un agujero negro primordial?»)[80] era que los dos rangos de masas mencionados, el predicho por Brown y Batygin para el Planeta 9 (5-15 veces la masa terrestre) y el observado por el equipo del OGLE (0,5-20 veces la masa terrestre) resultaban notoriamente similares, y quizá uno podría ayudar a explicar el otro. Puede que en otro tiempo el Planeta 9 formara parte de esa población de objetos causantes de los fenómenos de microlente observados por OGLE; que fuera un planeta errante o un agujero negro primordial «capturado» en su órbita actual.

La de la «captura» es solo una de las posibles explicaciones de cómo pudo formarse un cuerpo celeste hipotéticamente tan grande como el presunto Planeta 9 en la linde del Sistema Solar.

---

80. Un título que es prácticamente el equivalente científico de un ciberanzuelo: no creo que nunca haya clicado tan rápido en un artículo recién publicado.

Otras opciones son: 1) que de algún modo se hubiera formado directamente en su actual órbita; o 2) que se hubiera formado más adentro, más cerca del Sol, y luego hubiera migrado hacia el exterior. La primera opción resulta improbable, ya que en la linde del Sistema Solar no hay mucha densidad de materia, de modo que 4.500 millones de años no es tiempo suficiente para reunir todos los diminutos y dispersos cúmulos de roca necesarios para formar un planeta tan grande. La segunda opción también es problemática, en tanto requiere un suceso que iniciara la migración, pero también otro que la detuviera en su órbita actual; quizá podría ser de nuevo una interacción con una estrella itinerante, aunque parece poco probable. Así, descartados estos dos planteamientos, la hipótesis de un Planeta 9 «capturado» en su órbita actual parece actualmente la más plausible.

Los modelos informáticos de la formación de sistemas planetarios han mostrado que, durante el caos propio de la formación de planetas en torno a las estrellas, con trozos de roca colisionando y aglutinándose por la fuerza de la gravedad, o quizá catapultándose unos a otros por esa misma fuerza, muchos planetesimales (es decir, bebés planeta) acaban viéndose expulsados y arrojados al espacio interestelar. Creemos que en 2017 uno de esos objetos, bautizado como Oumuamua, atravesó el Sistema Solar, pasando a solo 24.200.000 kilómetros de la Tierra, lo que equivale más o menos a un 16 % de la distancia entre nuestro planeta y el Sol. Dada la inmensidad del espacio (piensa en las enormes distancias involucradas, y luego recuerda que el espacio es tridimensional, de modo que tienes que elevar al cubo cualquier cifra enorme en la que acabes de pensar), creemos que ese tipo de sucesos son extremadamente raros y la captura gravitatoria de un objeto así por parte del Sol aún lo es más. Pero esa probabilidad, por pequeña que sea, no cambia si el objeto es un planeta rocoso o un agujero negro primordial extraordinariamente denso.

La belleza de esta hipótesis —que el Planeta 9 es un agujero negro— reside en que también explica por qué no lo hemos encontrado, no solo en las búsquedas más recientes como la de Zooniverse, sino tampoco en otras anteriores, realizadas en las últimas décadas, en las que se encontraron en cambio otros objetos del Cinturón de Kuiper. No solo no nos llegaría luz alguna de tal agujero negro, sino que nada podría acercarse siquiera lo bastante como para verse directamente afectado por él. Si ese Planeta 9 agujero negro resultara tener cinco veces la masa de la Tierra, su horizonte de sucesos tendría solo 9 cm de diámetro, aproximadamente el tamaño de una pelota de tenis.

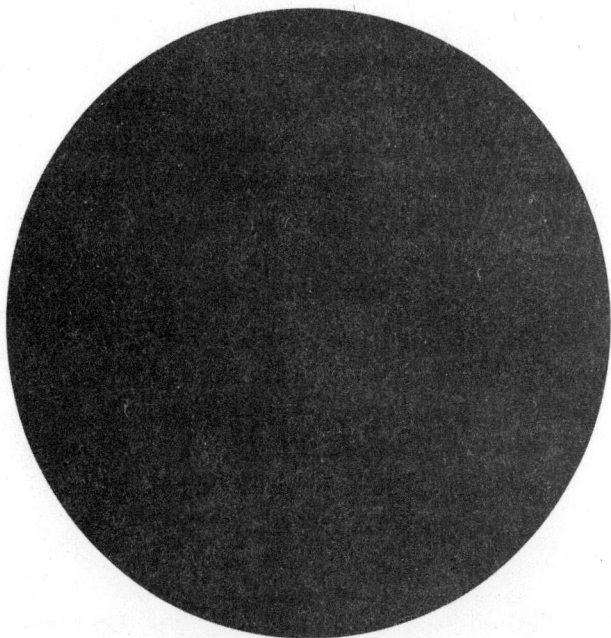

Un círculo de 9 centímetros de diámetro. Este podría ser el tamaño del agujero negro primordial, con cinco veces la masa de la Tierra, que podría acechar en los confines del Sistema Solar.

Ahora bien, por mucho que yo desee con desesperación que esta hipótesis sea cierta, el hecho de que el Planeta 9 resultara ser un agujero negro primordial significaría que sería increíblemente difícil encontrar pruebas de ello. Aunque, de ser de verdad un agujero negro que llevara existiendo desde los mismos inicios del universo, hace unos 13.000 millones de años más o menos, habría acumulado un pequeño halo de materia a su alrededor; no necesariamente un disco de acreción, sino tan solo un cúmulo de materia que arrastraría consigo en su movimiento a través del espacio, y que haría que la región que lo rodea fuera mucho más densa de lo normal. La mayor densidad aumentaría las posibilidades de que parte de esa materia se encontrara con algo de antimateria, cuya presencia es extremadamente rara. Por fortuna, en el universo hay mucha más materia que antimateria; de lo contrario, nada de lo que has visto en tu vida, incluidas las propias estrellas, habría existido siquiera. Y ello porque, cuando la materia se encuentra con la antimateria, se convierte en energía pura liberada en forma de rayos gamma, el tipo de luz más energético de todos.

Así pues, si el Sistema Solar tiene su propio agujero negro doméstico, deberíamos poder detectar su radiación con los telescopios de rayos gamma que actualmente tenemos en órbita alrededor de la Tierra. La búsqueda del Planeta 9 no solo afecta a la astronomía óptica e infrarroja: también la astronomía de rayos gamma ha sucumbido a sus encantos, puesto que la idea de que nuestro agujero negro más cercano podría estar solo a horas luz, en lugar de años luz, basta para conquistar el corazón incluso del astrofísico más pragmático. Para mí, las pruebas teóricas son muy convincentes, pero quizá yo sea un tanto parcial como especialista en el estudio de los agujeros negros: uno de ellos justo en la puerta de casa sería el mejor regalo que podría hacerme el universo.

IO

¡Supermasifícame!

Hay una frase que me encuentro repitiendo casi todos los días: «En el centro de cada galaxia hay un agujero negro supermasivo». Lo digo sin darle importancia. Es un comentario hecho de pasada, como que el cielo es azul, que la Tierra es redonda o que Taylor Swift es la mejor letrista de mi generación.[81] Doy por sentado que es algo que todo el mundo sabe. Pero hace solo cincuenta años, esa misma frase habría sido recibida con incredulidad y quizá incluso con una carcajada o dos por parte de mis colegas los físicos. Ese cambio de actitud no se ha producido de la noche a la mañana. Ha llevado décadas, lo que constituye un buen recordatorio de que las teorías científicas no surgen de la nada plenamente formadas; llevan su tiempo.[82] Los científicos trabajan con unas pocas piezas diminutas de un puzle que no venía con una foto en la caja, por lo que tampoco tienen un mapa que les indique hacia dónde les lleva su trabajo. Conforme reúnen más pruebas, empieza a tomar forma una perspectiva general; piezas que al principio no parecían estar conectadas acaban encajando, y surge una teoría aceptada.

81. «Tan despreocupadamente cruel so pretexto de ser honesto»... Va por mis colegas forofos de Swift.
82. Como dice tan elocuentemente Gimli hablando de los enanos en *El Señor de los Anillos* de Tolkien.

La primera pieza del puzle de los agujeros negros supermasivos apareció en 1909. Un tipo llamado Edward Fath observaba «nebulosas espirales» en el Observatorio Lick, situado a las afueras de la ciudad californiana de San José.[83] Por aquel entonces, *nebulosa* era el término que se utilizaba para referirse a cualquier objeto del cielo que no pareciera una estrella; abarcaba todo lo que había en el firmamento con un aspecto difuso y vagamente similar a una nube de polvo (la palabra proviene del latín *nebula*, que significa 'niebla' o 'nube'). En 1909 se creía que la extensión del universo se limitaba a la Vía Láctea: el objeto más lejano que se conocía era una estrella situada en sus confines, a unos cien mil años luz de distancia. Por tanto, también se creía que todas las nebulosas estaban dentro de la Vía Láctea: o bien eran lugares donde nacían nuevas estrellas a partir de gigantescas nubes de gas, o bien eran los restos de estrellas que habían dado origen a supernovas y dispersado todas sus capas externas por el espacio.

83. He tenido la suerte de trabajar en ese mismo observatorio. Estaba muy ilusionada con el viaje, ya que las ubicaciones de los observatorios se eligen, obviamente, por sus cielos oscuros y despejados. Tenía pensado tumbarme en una manta al aire libre y contemplar las estrellas en el cálido aire de la noche californiana mientras el telescopio tomaba las imágenes de treinta minutos de exposición de las galaxias que yo estaba estudiando. Al llegar al observatorio, encontré carteles por todas partes que me advertían de que tuviera cuidado con los pumas. El personal del observatorio me dijo que no me preocupara, que eran raros, y que solo se los veía cuando andaban cerca sus presas: los ciervos. La primera noche decidí ser valiente y salir a ver las estrellas, pero tras cinco minutos de incesantes miradas nerviosas a los oscuros árboles que me rodeaban, oí un crujido, y vi a tres ciervos que salían de la arboleda a la luz de las estrellas. Era una visión de esas que supuestamente te dejan sin aliento. Y, de hecho, me costó lo mío respirar mientras me daba la vuelta y volvía a subir corriendo las escaleras del edificio del telescopio para alejarme del puma que estaba convencida de que iba a aparecer detrás. Pasé el resto del viaje encerrada dentro hasta que el personal del observatorio me habló del balcón que rodea la cúpula del telescopio. Tras convencerme de que era imposible que un puma saltara hasta allí arriba, finalmente encontré el lugar perfecto para sentarme, poner los pies en la barandilla y recostarme para contemplar las estrellas.

Descomponer la luz de una nebulosa mediante uno de los espectrómetros de Fraunhofer revela su peculiar huella lumínica; de ese modo podemos saber de qué está hecha la nebulosa en cuestión. Pero, a diferencia de lo que observamos en las estrellas, donde hay una serie de huecos correspondientes a determinados colores concretos (esto es, a longitudes de onda específicas), en las nubes de gas como las nebulosas hay zonas más brillantes donde normalmente veríamos los huecos. Es decir, que, en lugar de un fenómeno de absorción de la luz por parte de diversos elementos, lo que observamos aquí es un fenómeno de emisión (como Kirchoff y Bunsen cuando quemaron azufre).

Como veíamos en el capítulo 5, Niels Bohr explicó que cada electrón orbita a una distancia muy específica del núcleo y, de manera crucial, que solo hay un número limitado de esas posiciones especiales en las que el electrón puede orbitar para mantener el átomo felizmente estable. La posición orbital del electrón nos dice cuánta energía tiene para mantenerse en esa órbita, lo que significa que los electrones que rodean los núcleos en una determinada órbita específica poseen también una cantidad muy específica de energía. Sin embargo, si se le proporciona más energía a un electrón, quizá iluminándolo con luz ultravioleta procedente de una estrella cercana, se puede hacer que salte a una nueva posición, dotándolo así de suficiente energía para saltar a la siguiente órbita estable (esa es la absorción que se produce en las estrellas; con la suficiente energía, el electrón escapa por completo del átomo y se ioniza). Decimos que el electrón se halla en un «estado excitado», como un adolescente en su primer subidón de cafeína.

Sin embargo, se supone que los electrones no deben hallarse en estados excitados en los átomos, porque, como a los adolescentes, les gusta estar en la posición que requiere la menor cantidad de energía posible. Así que, en cuanto puede, el electrón pierde energía para volver a su órbita original. La cantidad de energía que pierde el electrón siempre es exactamente la misma, dado que —recuérdalo— solo hay ciertas posiciones concretas en las que puede orbitar el núcleo para mantenerse felizmente estable. Esta energía se pierde en forma de luz. Como se trata de manera invariable siempre de la misma cantidad de energía, se emite luz de idéntica longitud de onda y, por lo tanto, del mismo color. Así, por ejemplo, el hidrógeno emite una gran cantidad de luz en una longitud de onda específica de 656,28 nanómetros, que corresponde a un color rojo intenso. Cuando descomponemos la luz de una gran nube resplandeciente de hidrógeno gaseoso en su arcoíris de colores con un prisma y luego examinamos en su traza espectrométrica la cantidad de luz que nos llega de cada color, obtenemos un enorme pico de luz roja a 656,28 nanómetros, cuya forma se asemeja a la de una estalactita.

Detectar en las trazas de los espectrómetros los picos en forma de estalactita de los diversos colores que nos indican cuándo está presente un determinado elemento concreto es un factor clave para comprender qué tipo de nebulosa estamos observando. Si hay mucho hidrógeno, es probable que nos encontremos ante una nebulosa en la que están naciendo nuevas estrellas; si abundan los colores correspondientes al oxígeno, el carbono y el nitrógeno, es que nos hallamos ante una nebulosa en la que ha muerto una estrella: es caca de supernova.

Volvamos a nuestro amigo Fath, que en 1909 buscaba huellas o bien de caca de supernova o bien de hidrógeno gaseoso puro en la luz procedente de otro tipo de nebulosas: las *nebulosas espirales*. Pero lo que descubrió fue que estas últimas no entraban en ninguna de estas dos categorías; antes bien, sus trazas se asemejaban a las obtenidas al observar cúmulos de estrellas, con las huellas características *tanto* del hidrógeno *como* de otros elementos más pesados (y también con cierto grado de absorción de luz). Lo que había observado Fath —aunque en aquel momento él no lo sabía— eran galaxias: islas en el universo formadas por miles de millones de estrellas. Exactamente como nuestra Vía Láctea. Este sería el primero de los numerosos resultados que contribuirían a resolver el puzle del tamaño de nuestro universo. Solo gracias al trabajo de científicos como Henrietta Leavitt, Heber Curtis y Edwin Hubble a lo largo de las dos primeras décadas del siglo xx se pudo calcular la distancia a la que se hallaban aquellas «nebulosas espirales». Y fue entonces cuando la comunidad científica comprendió por fin que el universo era mucho mayor de lo que se había creído hasta entonces: la Vía Láctea ya no era el único chico del barrio.

Debido al revuelo de esta increíble constatación, hubo otra de las observaciones de Fath que pasó en gran parte desapercibida: una de las trazas de las «nebulosas» que había observado también parecía diferenciarse de todas las demás. Tenía las huellas características del hidrógeno, el oxígeno y el nitrógeno, pero estas eran mucho más intensas y brillantes de lo que se había visto hasta entonces, como si las potenciara una fuente de energía adicional. De modo que Fath no solo había observado galaxias sin saberlo, sino que había observado asimismo, también sin ser consciente de ello, el resplandor que emitía el gas que giraba en espiral en torno a lo que más tarde llamaríamos *agujero negro supermasivo*. Obviamente, pasarían décadas antes de que alguien identificara lo que de hecho había observado Fath. En referencia a este tipo de situaciones es habitual hablar de cosas «que no sabemos que sabemos»; es decir, cosas que hemos observado o con las que hemos experimentado, pero cuyo significado se nos escapa. Me fascina pensar en todos los experimentos que se han hecho en las últimas décadas y que probablemente ya han revelado algo extraordinario, pero con respecto a los cuales aún no tenemos los conocimientos necesarios para descifrar qué más podrían estar diciéndonos. O quizá, lo que resulta aún más probable en la era de la ciencia de datos y los *big data*, que puede haber información enterrada en algún rincón de un archivo informático que ha pasado desapercibida a los ojos humanos.

De manera similar, la extraña observación de Fath de una galaxia con una traza de luz tan diferente cayó en gran medida en el olvido mientras los astrónomos y astrofísicos estaban distraídos con las que durante décadas se consideraron las «grandes cuestiones». Tras determinar en 1920 que la Vía Láctea no era todo el universo, pasaron a centrar su atención en cómo se había originado este último. Ese interés se prolongaría durante gran parte del periodo de entreguerras, y a la larga conduciría al desarrollo de la teoría del *Big Bang*, que explica cómo ha evolucionado y se ha expandido el universo en los últimos 13.800 millones de años. Una valiosa iniciativa, pero que probablemente retrasó unos decenios nuestro conocimiento de los agujeros negros. No fue hasta 1943 cuando el astrónomo estadounidense Carl Seyfert retomó por fin los trabajos de Fath y observó de nuevo seis galaxias con trazas de luz de aspecto similar. Lo que detectó entonces fue que la emisión de luz del hidrógeno gaseoso de dichas galaxias no se correspondía gráficamente con un pico agudo, sino que se difuminaba de un modo que, más que de estalactita, tenía forma de campana.

Seyfert dedujo que esa difuminación se debía al efecto Doppler: la luz se estiraba y comprimía conforme se alejaba de nosotros o se acercaba a nosotros. Si el resplandeciente hidrógeno gaseoso de una galaxia orbita alrededor de algo, una parte del gas se moverá hacia nosotros y su luz se comprimirá a una longitud de onda más corta que la emitida inicialmente por los electrones al saltar de órbita, mientras que otra parte del gas se alejará de nosotros y su luz se estirará a una longitud de onda más larga. Eso es lo que ensancha nuestra bonita estalactita hasta darle una forma acampanada. Pero aquí es donde el asunto se pone realmente interesante: el grado de ensanchamiento guarda relación con la velocidad a la que se desplaza el hidrógeno gaseoso. Y si sabes a qué velocidad se desplaza el hidrógeno, puedes calcular la masa del objeto en torno al que orbita.[84]

El efecto Doppler que Seyfert midió en sus seis galaxias era *enorme*. De una intensidad inédita. En este punto cabría pensar que la comunidad científica habría empezado a deducir que en alguna parte de aquellas galaxias tenía que haber un objeto masivo que explicara la aparición de ese tipo de trazas de luz difusas. Pero, una vez más, aún no se disponía de todos los conocimientos necesarios para comprender lo que había observado Seyfert. Tendrían que pasar otros veinte años (con los trabajos de Stephen Hawking y Roger Penrose a finales de la década de 1960) para que los físicos teóricos empezaran siquiera a tomarse en serio la idea de los agujeros negros.

El de Seyfert no fue el único hallazgo novedoso de la posguerra. Durante la Segunda Guerra Mundial, la necesidad de captar señales de radio débiles desde largas distancias propició enormes avances en la tecnología de las antenas de radio. Una vez finalizado el conflicto, esas antenas se dirigieron hacia el cielo, al tiempo que se instalaban numerosos observatorios con telescopios capaces de detectar ondas de radio repartidas

---

84. Así es exactamente como medí las masas de los agujeros negros supermasivos situados en el centro de algunas galaxias durante mi doctorado, tras observarlos con un telescopio en las islas Canarias, más concretamente en La Palma. Me maravilla no solo que yo haya sido capaz de hacer eso como parte de mi trabajo, sino incluso que lo seamos los humanos en general. El hecho de que colectivamente hayamos sabido juntar todos los retazos de conocimiento de la química, la física cuántica y la astrofísica para poder medir las masas de agujeros negros supermasivos situados a miles de millones de años luz es algo que nunca dejará de asombrarme, por muchas veces que pueda hacerlo a lo largo de mi carrera.

por todo el mundo, desde Mánchester[85] y Cambridge (donde Hewish y Bell Burnell descubrían púlsares), en el Reino Unido, hasta las afueras de Sídney, en Australia. Se construyeron antenas cada vez más grandes, que, en lugar de captar ondas de radio de origen terrestre, se empleaban ahora para captar señales aún más débiles procedentes del espacio. Así nació la radioastronomía.

Los esfuerzos de los radioastrónomos para catalogar los nuevos objetos que detectaban en el cielo nos proporcionarían algunas piezas más del puzle. Primero se detectó una de las señales de radio más potentes del firmamento en la dirección de la constelación de Sagitario. En 1931, el padre de la radioastronomía, Karl Jansky, ya había detectado emisiones de radio procedentes de esa misma dirección, pero serían dos astrónomos australianos, Jack Piddington y Harry Minnett, quienes en 1951, trabajando con un radiotelescopio construido en Potts Hill, cerca de Sídney, ubicarían la fuente de aquella emisión en un punto brillante situado en dirección al centro de la Vía Láctea (los astrónomos ya habían convenido en que la dirección del centro de nuestra galaxia se correspondía con la constelación de Sagitario, dado que allí era donde se veían más estrellas; es como

85. Puede que pienses que Mánchester es un lugar terrible para colocar un telescopio teniendo en cuenta que se trata de una de las ciudades más lluviosas de Inglaterra (la culpa es de las «lluvias de relieve» que azotan los Peninos: las nubes de lluvia procedentes del Atlántico chocan contra esta barrera montañosa que se extiende por el centro de Inglaterra y se detienen bruscamente, lo que provoca que viertan toda el agua que han recogido en el Atlántico sobre el noroeste del país; un fenómeno con el que estoy más que familiarizada por haber crecido en Chorley, Lancashire). Pero eso es lo bueno de la radioastronomía: no necesita cielos despejados. Las ondas de radio atraviesan fácilmente las nubes; de lo contrario, los días nublados o lluviosos no recibiríamos ninguna señal de nuestras emisoras de radio favoritas. ¡Demonios!, y con un radiotelescopio hasta se puede observar de día si uno es lo bastante hábil, aunque sigue siendo una buena norma no apuntar los radiotelescopios hacia el Sol, ya que están diseñados para enfocar pequeños fragmentos de luz, no un chorro de luz solar capaz de fundirlos.

cuando, al mirar hacia el centro de una ciudad, vemos más luces que si miramos hacia las afueras).[86] Lo segundo que se detectó fue un gran número de fuentes emisoras de radio dispersas por el firmamento en todas direcciones que no coincidían con ningún objeto que se hubiera observado con luz visible. Esto llevó a plantearse la cuestión de si los objetos que producían esas ondas de radio podrían estar tan lejos que la luz visible que emitían resultaba demasiado tenue para poderla observar con los telescopios ópticos disponibles en aquel momento.

Junto con la radioastronomía, tras la Segunda Guerra Mundial también la astronomía de rayos X experimentó literalmente un ascenso con el uso de globos y cohetes. Como hemos visto en el capítulo 7, Giacconi había descubierto Scorpius X-1, y Iósif Shklovski había explicado su naturaleza mediante la acreción de material en torno a agujeros negros (y estrellas de neutrones) un poco más masivos que el Sol de nuestra Vía Láctea. Pero, a medida que la astronomía de rayos X fue ganando popularidad, se empezaron a detectar otras fuentes de este tipo de luz dispersas por todo el firmamento que eran extremadamente débiles y, sin embargo, tremendamente energéticas. Explicar la increíble energía de los rayos X procedentes de aquellas ignotas y débiles fuentes (denominadas *cuásares*; como ya hemos visto, un acrónimo para referirse a objetos 'cuasi estelares') requeriría que la acreción se diera en torno a un objeto inconmensurablemente grande. Fue el astrofísico británico Donald Lynden-Bell[87] quien, en 1969, propuso por primera vez la hipótesis

86 Averiguar la forma de la Vía Láctea tampoco fue tarea fácil para los astrónomos, puesto que estamos atrapados en su interior. ¡Imagínate intentando hacer un mapa de tu ciudad sin poder salir de casa!

87. Lynden-Bell es otro de los Grandes Nombres de la Física. Fue presidente de la Real Sociedad Astronómica de Londres, y primer director del Instituto de Astronomía de la Universidad de Cambridge cuando este se constituyó en 1972 mediante la fusión del Instituto de Astronomía Teórica de Hoyle y el Observatorio de Cambridge.

de que las enormes cantidades de energía procedentes de los cuásares podrían explicarse por acreción en torno a un objeto extraordinariamente grande (mucho mayor que el que alimenta a Scorpius X-1 en la Vía Láctea), pero colapsado, y postuló asimismo que los centros de todas las galaxias podrían haber colapsado del mismo modo. Incluso llegó a sugerir que nuestra propia galaxia, la Vía Láctea, podría ser un «cuásar muerto» (es decir, un objeto colapsado que ya no acumula material por acreción).

Sería el Telescopio Espacial Hubble, lanzado en 1990, el que al final detectaría la luz visible de aquellas fuentes de rayos X y de ondas de radio que salpicaban el cielo, confirmando que de hecho se trataba de galaxias extraordinariamente remotas. Aquellas tremendas distancias implicaban que en realidad los rayos X y las ondas de radio en cuestión eran aún más brillantes de lo que se había creído en un principio; demasiado brillantes para deberse a la acreción en torno a un agujero negro solo unas pocas veces más masivo que el Sol. De hecho, cuando se hicieron las pertinentes correcciones pata adaptar los cálculos a las inmensas distancias ahora constatadas, los astrónomos descubrieron que eran incluso más brillantes que los débiles rayos X procedentes del centro de la Vía Láctea. La conclusión lógica era que no solo debía de estar produciéndose un fenómeno de acreción en torno a un objeto extraordinariamente masivo en aquellas remotas galaxias, sino también en la nuestra. Y dado que no se observaba ningún objeto así en dirección al centro de la Vía Láctea, a la larga se acabaría hablando de *objetos oscuros masivos* (MDO, por sus siglas en inglés) para referirse a ellos, en parte porque los científicos se mostraban incrédulos ante la idea de que pudiera existir un agujero negro tan grande, digamos tan *supermasivo*.

Durante la década de 1990 aumentó el interés por lo que ocurría en el centro de la Vía Láctea. El problema era que mirar hacia el centro de nuestra galaxia resulta extremadamente frustrante porque hay un montón de polvo y de estrellas que obstaculizan la visión. Pero no todo estaba perdido: era el momento de que resplandeciera la astronomía infrarroja. La luz infrarroja tiene una longitud de onda más larga que la luz visible, lo que significa que puede sortear fácilmente partículas de polvo mucho más pequeñas y permitirnos ver el centro de la galaxia. Partiendo de esta tecnología, se puso en marcha un experimento para observar las posiciones de las estrellas del mismo centro de la Vía Láctea durante un periodo de diez años. Dirigido por la astrofísica estadounidense Andrea Ghez, de la Universidad de California en Los Ángeles, el experimento utilizaba los telescopios Keck I y Keck II de Mauna Kea, en Hawái.[88] Ghez y su equipo registraron cómo cambiaban las posiciones de las estrellas para determinar sus órbitas precisas en torno al centro de la galaxia. Es lo mismo que hacemos cuando

---

88. Mauna Kea es otro de los lugares que he tenido la fortuna de visitar en mi época de astrónoma. Pasé seis días realizando observaciones con el telescopio submilimétrico de Caltech (cariñosamente conocido como *la pelota de golf*), y luego dos días buceando con tubo en el mar (si no me hubiera hecho astrofísica, sería bióloga marina). Mauna Kea tiene 4.207 metros de altitud, así que es un lugar donde empieza a afectarte en serio el mal de altura. Resulta casi imposible conciliar el sueño por la noche (o de día, ya que en un viaje de observación se observa de noche y se duerme durante el día), porque tu cuerpo cree constantemente que no recibes suficiente oxígeno debido a lo enrarecido del aire. ¿Conoces esa sensación que experimentas cuando te vas a dormir y te despiertas de golpe porque te parece que estás cayendo? Pues resulta que tu cuerpo también hace eso mismo cuando le falta oxígeno (lo que se conoce como *espasmo mioclónico*). Cuando volví a bajar al nivel del mar pude dormir quince horas seguidas. La falta de oxígeno a esta altitud también afecta a los ojos, de modo que, cuando sales del edificio del telescopio para mirar las estrellas, descubres que no puedes ver tantas como pensabas porque tu cerebro redirige el preciado oxígeno que puede obtener a tus órganos internos. Inspirar oxígeno de una bombona provoca en la práctica una explosión de luces ante tus ojos al aflorar miles de estrellas más tenues que no veías. Es mágico; pero probablemente no recomendable por cuestiones de sanidad y seguridad.

detectamos asteroides en el Sistema Solar: observamos cómo cambia su posición noche tras noche y, a partir de ahí, calculamos su órbita alrededor del Sol. Estudiando las órbitas de las estrellas del centro de la Vía Láctea también podemos determinar la masa del objeto en torno al que orbitan. Incluso hemos observado que hay una estrella que completa una órbita alrededor del centro en solo 16 años, a una velocidad de casi 18 millones de kilómetros por hora; compárese con los 250 millones de años que tarda el Sol en orbitar en torno a ese mismo centro, a «solo» 724.000 kilómetros por hora.

En 2002 se publicaron los resultados del proyecto de Ghez, y los astrónomos supieron por fin qué masa tenía el objeto oscuro situado en el centro de nuestra galaxia: cuatro millones de veces la masa del Sol. Se encuentra en un área 16 veces mayor que la distancia entre la Tierra y el Sol (a modo de comparación, digamos que Urano orbita a 19 veces esa misma distancia).[89] Para que pudiera haber algo tan grande en un espacio relativamente tan pequeño, e invisible a todas las longitudes de onda de la luz, ese algo solo podía ser una cosa: un agujero negro supermasivo.[90] Demostrarlo le valió a Andrea Ghez el Premio Nobel de Física en 2020; un galardón que compartió con el astrofísico alemán Reinhard Genzel, que fue el primero en utilizar las órbitas de las estrellas para estudiar el objeto situado en el centro de la Vía Láctea, y con el matemático británico Roger Penrose, por su trabajo con Stephen Hawking en la

89. Ese es el tamaño de la región en la órbita de la estrella más cercana al centro. El horizonte de sucesos del agujero negro supermasivo es, de hecho, solo 17 veces mayor que el diámetro del Sol.

90. Sin embargo, los astrónomos seguirían debatiendo, como venía ocurriendo desde principios de la década de 1990, si se trataba de un único agujero negro o de un enjambre de ellos. En realidad se trata de un agujero negro supermasivo, porque un enjambre sería algo completamente inestable, desde donde saldrían disparados agujeros negros en todas direcciones. Pero, para ser sincera, me decepciona que no exista un enjambre de agujeros negros.

década de 1960, en el que mostró la naturaleza inevitable de los agujeros negros.

La acreción de gas en torno a un agujero negro supermasivo explica todas las observaciones de rayos X y ondas de radio que desconcertaron a los astrónomos en el siglo xx. Los agujeros negros supermasivos situados en el centro de galaxias lejanas eran tan masivos que el gas sobrecalentado que giraba a su alrededor en espiral alcanzaba temperaturas extraordinarias, por lo que emitía también rayos X tremendamente energéticos. El calentamiento del gas a esas temperaturas extremas hace que incluso los propios átomos se descompongan en sus partículas constituyentes, de manera que los electrones dejan de estar confinados en órbitas alrededor de los núcleos. Debido a ello, hay partículas cargadas desplazándose por el espacio que, al atravesar un campo magnético, emiten ondas de radio. El postulado de la acreción en torno a un agujero negro supermasivo, la idea utilizada para explicar todas esas observaciones y completar así el puzle científico, ha acabado por conocerse como *teoría unificada de los núcleos galácticos activos*. Para mí, representa una vez más uno de los conceptos peor comprendidos de los agujeros negros: que no son «negros», sino lo más brillante de todo el universo; resplandecientes montañas de materia absolutamente imposibles de ignorar.

Hoy tenemos la suerte de contar incluso con una imagen de ese material sobrecalentado girando en espiral en torno a un agujero negro en la ya famosa fotografía de la «rosca naranja»: se trata de la primera imagen jamás captada de un agujero negro, concretamente del que se encuentra en el corazón de la cercana galaxia Messier 87. La luz anaranjada que aparece en la imagen muestra las ondas de radio detectadas en el disco de materia que gira en espiral en torno al agujero. Sobre ese resplandor naranja se proyecta la siniestra sombra del propio agujero negro, del que no puede escapar luz alguna. Compara esa sombra negra del centro con la oscuridad que rodea la rosca: no puede llegarnos ninguna luz de dentro porque nos encontramos ante uno de los objetos más masivos y densos del universo, rodeado de ardiente y furiosa actividad, mientras que en el exterior tampoco hay luz porque es una de las regiones más tranquilas, frías y vacías de ese mismo universo. Siento escalofríos cada vez que lo miro.

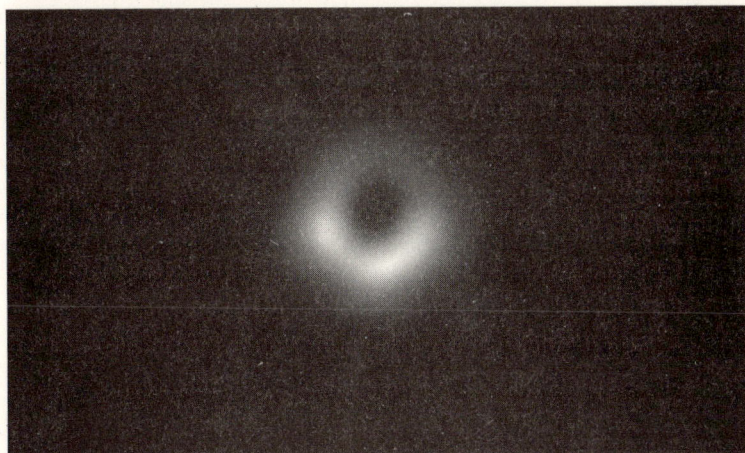

La primera imagen obtenida de un agujero negro, captada en ondas de radio en 2019 por el Telescopio del Horizonte de Sucesos en la galaxia Messier 87.

II

No, los agujeros negros no succionan

Cuando la gente trata de imaginarse los agujeros negros, no puede evitar pensar en ellos como las aspiradoras del universo, que atraen y engullen todo lo que les rodea. Pero eso no podría estar más lejos de la realidad, ya que lo cierto es que los agujeros negros no succionan.

Piensa en el Sistema Solar: el 99,8 % de toda su materia se encuentra en el centro, en el Sol. Este domina por completo el Sistema Solar y es extremadamente masivo en comparación con todo lo demás. Incluso Júpiter, el llamado *rey de los planetas*,[91] solo representa el 0,09 % de toda la masa del Sistema Solar, mientras que a la Tierra le corresponde un mísero 0,0003 %. Pese a este enorme predominio de la gravedad del Sol, todos los demás habitantes del Sistema Solar, desde los planetas hasta los asteroides y cometas, orbitan felizmente a su alrededor sin «caer» en él. Como explica la relatividad general, el Sol curva el espacio y los planetas se desplazan a lo largo de ese espacio curvo. Para que la Tierra se acercara al Sol, habría que despojarla de parte de su energía y romper así el perfecto equilibrio gravitatorio en el que se encuentra.

91. El de rey es un título disputado en esta casa. Saturno es mi favorito personal.

Ocurre exactamente lo mismo en las regiones que rodean los agujeros negros. Es cierto que estos son muy masivos, pero, en cambio, tienen un tamaño relativamente diminuto. Recuerda que, si el Sol colapsara en un agujero negro, su radio de Schwarzschild sería solo de 2,9 km. Imaginemos por un momento que pudiéramos hacer que eso ocurriera; al principio seguramente nos daríamos cuenta de que alguien ha apagado la luz, pero aparte de eso no notaríamos nada. La órbita de la Tierra no cambiaría en absoluto porque la masa del objeto en torno al que orbita nuestro planeta no habría variado, ni tampoco su distancia a este, por lo que la atracción gravitatoria seguiría siendo exactamente la misma.

Pero cualquier cosa que se acercara demasiado a ese Sol de unos seis kilómetros de diámetro convertido en agujero negro probablemente no tendría tanta suerte. La curvatura del espacio en sus inmediaciones sería espectacular, lo que incrementaría de manera exponencial la atracción gravitatoria. Sin embargo, todo lo que se hallara más lejos simplemente seguiría orbitando este teórico agujero negro, trazando para siempre la misma trayectoria a través del espacio en un bucle interminable. Por eso, cuando afirmo que todos orbitamos alrededor de un agujero negro situado en el centro de la Vía Láctea, no hay motivo para que cunda el pánico. A menos que te pases el día aterrorizado por la posibilidad de que la Tierra vaya a precipitarse hacia el Sol, puedes dormir tranquilo sabiendo que el agujero negro de la Vía Láctea no hace sino guiar al Sistema Solar en su viaje por nuestra galaxia. El Sistema Solar no gira en espiral precipitándose hacia el centro: orbita felizmente en una trayectoria muy estable; no hay ningún escenario catastrófico al final de los tiempos en el que caigamos en un agujero negro.

De hecho, resulta tremendamente raro que *algo* logre llegar hasta un agujero negro. Es asombroso que algunos de ellos hayan logrado ser tan supermasivos. Tomemos, por ejemplo, el agujero negro situado en el centro de la Vía Láctea: con una masa de unos cuatro millones de veces la del Sol, tiene un horizonte de sucesos solo 17 veces mayor que el diámetro de este; eso son cuatro millones de veces la cantidad de materia que hay en el Sol comprimida en un área que cabría perfectamente en la órbita de Mercurio. Podría pensarse que un monstruo así no podría tener problemas para absorber, mediante acreción, cualquier tipo de materia que se le acercara demasiado; pero eso fue exactamente lo que ocurrió a principios de 2014.

En 2002, el mismo año en que el artículo del grupo de investigadores de Andrea Ghez confirmaba que lo único que podía haber en el corazón de la Vía Láctea era un agujero negro supermasivo, se observó algo de aspecto extraño en unas imágenes de la región central de nuestra galaxia. Resultaría ser una nube de gas y en 2012 ya se había averiguado que se dirigía hacia la zona de peligro en torno al agujero negro supermasivo de la Vía Láctea. Era una oportunidad única para los astrónomos, ya que, en palabras de Douglas Adams: «El espacio es grande. Muy grande. No te creerás lo inmenso, enorme y alucinantemente grande que es».[92]

Los astrónomos no hacemos experimentos propiamente dichos. El universo entero es nuestro experimento; lo observamos de diferentes formas en distintos momentos y vemos cómo cambia. Eso significa que, si quieres saber cómo se comporta la materia cuando se acerca demasiado a un agujero negro, no puedes montar tranquilamente ese experimento y hacer que ocurra. Tienes dos opciones: 1) simularlo en un ordenador y confiar en no haber pasado por alto ninguna ley física, o 2) esperar miles de millones de años a que ocurra. El hecho de que aquella nube de gas, bautizada como G2, fuera a acercarse a un tiro de piedra del agujero negro supermasivo del centro

92. De la *Guía del autoestopista galáctico*.

de la Vía Láctea no representaba, pues, una oportunidad única en la vida, sino una oportunidad única en miles de millones de años.

Así que, mientras la nube de gas se desgarraba poco a poco durante los dos años siguientes, el mundo de la astronomía contenía el aliento, esperando que en 2014 hubiera fuegos artificiales. Pero, en lugar de eso, los astrónomos se llevaron un buen chasco. Fue el grupo de Andrea Ghez, utilizando de nuevo los dos telescopios Keck, el que confirmó que la nube de gas G2 seguía intacta. Había rodeado el centro de la galaxia relativamente indemne a pesar de haber pasado a solo 36 *horas* luz del agujero negro (unas 2.375 veces el tamaño del horizonte de sucesos). ¿Acaso una estrella la había mantenido unida frente a la atracción gravitatoria del agujero negro? ¡Quién sabe! Pero lo que esto demuestra es que los agujeros negros no son meras aspiradoras infinitas dedicadas a succionar material. Aquella nube de gas se acercó a un agujero negro más de lo que habíamos presenciado jamás y, aun así, no «cayó» en él. Es cierto que quedó un poco maltrecha (ahora se parece más a la estela de un avión que a una nube), pero sobrevivió para seguir luchando un día más o, al menos, para seguir vagando indefinidamente por el espacio.

No puedo evitar antropomorfizar lo que ocurre en el espacio cuando pienso en este tipo de sucesos. Me imagino a la nube de gas G2 alejándose a toda prisa del agujero negro, pensando «¡uf!» y advirtiendo a todas las demás nubes de gas con las que se cruza de que no se acerquen al terrorífico cementerio de elefantes[93] del centro de la galaxia. La historia de G2 se difunde, y los padres de las pequeñas nubes de gas la utilizan durante milenios como un cuento con moraleja para aleccionar

---

93. Gracias a *El rey león*, ahora no puedo pensar en nada más aterrador que un cementerio de elefantes.

a su prole: «¡Que pases un buen día, cariño! ¡No te acerques mucho al agujero negro! ¡No querrás acabar como G2!».

Y, sin embargo, aunque G2 escapara por los pelos, hay nubes de gas que terminan de hecho bajo el control de un agujero negro. Lo vemos en los discos de acreción que giran en torno a otros agujeros negros supermasivos, mucho más activos, de los centros de otras galaxias. Los discos de acreción están formados por material que ha ido a parar al centro de una galaxia y no ha tenido tanta suerte como G2. En su lugar, ha quedado atrapado en la órbita de un agujero negro supermasivo. Pero, como hemos comentado con el ejemplo de los planetas que giran alrededor del Sol, un material en órbita en torno a un agujero negro no corre el riesgo de que este último lo «succione». Seguirá orbitando felizmente a menos que pierda energía de algún modo.

Un disco de acreción es un lugar increíblemente denso. Hay una enorme cantidad de gas moviéndose a velocidades inmensas. Las colisiones entre partículas tales como los núcleos atómicos (que se han separado de sus electrones y se han convertido en plasma por el calor) son muy frecuentes. Dichas colisiones son similares a las que se producen entre las bolas en una partida de billar. La bola blanca recibe energía al golpearla con el taco, y luego choca con otra bola, transfiriéndole esa energía. A veces, con el impulso adecuado, la bola blanca se detendrá al chocar, perdiendo casi toda su energía, mientras que en otras ocasiones seguirá su camino con la otra bola con solo una fracción de la energía que tenía antes.

Lo mismo puede ocurrir con las partículas en los discos de acreción: sus colisiones aleatorias transfieren energía de unas a otras, dotando de más energía a algunas de ellas, de modo que pueden alejarse del agujero negro, y robándosela a otras de manera que su órbita decrece. Un determinado número de tales colisiones aleatorias puede acabar despojando de la suficiente cantidad de energía a una partícula de gas para hacerle atravesar toda la región en torno al agujero negro donde puede mantener una órbita estable y precipitarse más allá del horizonte de sucesos, incrementando así la masa del agujero negro en cuestión. Finalmente se ha producido la acreción de una partícula.

Un agujero negro supermasivo puede tardar más de 500 millones de años en absorber de ese modo tan solo la mitad de toda la materia de su disco de acreción, puesto que existe un límite a la velocidad a la que puede producirse este proceso. Irónicamente, dicho límite debe su nombre a Arthur Eddington, de quien ya hemos hablado antes y que durante largo tiempo rechazó con tenacidad la existencia de los agujeros negros. Para ser justos, hay que decir que este concepto no solo vale para los agujeros negros, sino para todos los objetos brillantes del universo, incluidas las estrellas.

Eddington siempre había centrado su atención en las estrellas y lo que ocurría en su interior. ¿De dónde obtenían su energía? ¿Qué cantidad producían? Para responder a estas preguntas empezó estudiando cómo evitaban el colapso. Al igual que Kelvin, Eddington razonó que, para que las estrellas fueran esferas estables que no emitieran ningún tipo de pulso, la presión del aplastamiento gravitatorio debía equilibrarse con la cantidad de energía liberada en su interior por cualquiera que fuera el proceso del que se alimentaban. Dado que las estrellas son calientes, la mayoría de los astrónomos suponían que se trataba únicamente de energía térmica que empujaba hacia fuera; pero Eddington añadió un elemento más: la presión de radiación. Las estrellas no solo son calientes, sino que también brillan, emitiendo enormes cantidades de luz que ejercen una presión hacia el exterior y resistiendo así el aplastamiento gravitatorio.

Cuando la luz choca con algo, puede transferir energía. En teoría, si fuera posible construir un láser lo bastante potente, podríamos utilizarlo como un taco de billar. Aunque espero fervientemente que en el futuro el billar láser se convierta en un deporte, en la actualidad la presión de radiación se utiliza en numerosas aplicaciones, como la propulsión de naves espaciales con «velas solares». La presión de radiación que reciben las velas solares al incidir en ellas la luz del Sol es similar a la que ejerce el viento en la vela de un barco. No es ciencia ficción: la JAXA (la agencia espacial japonesa) demostró su viabilidad por primera vez en 2010 con su nave espacial IKAROS (por las siglas inglesas de «nave-cometa interplanetaria acelerada por la radiación del Sol»). La nave desplegó una membrana de plástico de 192 m², la apuntó hacia el Sol y consiguió volar hasta Venus.[94] Es una perspectiva apasionante, porque no hay piezas móviles que puedan fallar ni combustible que pueda agotarse, así que las naves impulsadas de este modo podrían funcionar durante mucho más tiempo del que estamos acostumbrados a ver.

Las agencias espaciales también deben tener en cuenta la presión de radiación a la hora de planificar misiones en el Sistema Solar. Incluso en el caso de una nave con una propulsión más convencional, pongamos por caso en un viaje a Marte, la presión de radiación de la luz del Sol la desviaría de su curso, haciéndole errar su objetivo por unos pocos miles de kilómetros. De manera que, cuando se lanza una nave espacial y esta

94. JAXA informó de que la fuerza ejercida sobre la vela solar de IKAROS era de 1,12 milinewtons, equivalente a la fuerza que ejerce la gravedad de la Tierra en una pizca de sal. Esta fuerza constante debida a la presión de radiación hace que la nave esté constantemente acelerando y aumentando su velocidad. Después de seis meses con la vela solar desplegada, IKAROS había aumentado su velocidad inicial en 100 metros por segundo (unos 360 kilómetros por hora), hasta alcanzar un máximo de 1.440 kilómetros por hora cuando llegó a Venus. A modo de comparación, digamos que la Sonda Solar Parker de la NASA, propulsada por un cohete, llegó a Venus menos de dos meses después de su lanzamiento y alcanzó el planeta a una velocidad de aproximadamente 60.000 kilómetros por hora.

emprende su alegre camino, en realidad apunta en una dirección ligeramente desviada, en tanto se cuenta con que la luz del Sol acabará situándola en la trayectoria correcta.

Está claro, pues, que las fuerzas de la presión de radiación no son algo que se pueda ignorar. Pueden propulsar naves espaciales y, en el interior de las propias estrellas durante la fusión nuclear, bastan para resistir el aplastamiento gravitatorio. Este equilibrio perfecto entre el empuje hacia dentro de la fuerza gravitatoria y el empuje hacia fuera de la presión de radiación en una estrella es lo que determina el llamado *límite o luminosidad de Eddington*, que nos dice el grado máximo de brillo, o luminosidad máxima, que puede alcanzar una estrella. Si se sobrepasa, el empuje hacia fuera será mayor que el empuje gravitatorio hacia dentro, y la estrella empezará a desprenderse de algunas de sus capas externas en forma de «viento» o flujo de salida. Dado que lo único a lo que tiene que resistir la presión de radiación es la gravedad, la luminosidad de Eddington se halla directamente relacionada con la masa de la estrella: cuanto más masiva es la estrella, más luminosa puede ser.

De modo similar, la presión de radiación también es un factor importante en los discos de acreción que rodean los agujeros negros. A medida que entra material en órbita alrededor de estos, la gravedad lo acelera, lo calienta y le proporciona una enorme cantidad de energía, de manera que empieza a irradiar luz. Esta luz ejerce entonces una presión hacia fuera sobre el material que se precipita sobre el disco de acreción. En un escenario ideal, habría un equilibrio perfecto entre la cantidad de materia que se precipita sobre el disco de acreción y la presión de radiación hacia fuera de la materia que ya está en él disco. En tal caso, el agujero negro crecería hasta alcanzar su máximo posible: su límite de Eddington. Si se precipita un exceso de materia sobre el disco de acreción, esta será expulsada por la presión de radiación, de nuevo en forma de viento o flujo de salida. Así pues, los agujeros negros disponen de un proceso de control natural para poner freno a su glotonería cuando les da por engullir más de lo necesario: la presión de radiación permite al disco de acreción soltar un eructo de vez en cuando.

Como en el caso de las estrellas, el límite de Eddington para los agujeros negros viene determinado por su masa. Cuanto mayor sea el agujero negro, más rápido crecerá (tendrá una «velocidad de acreción» mayor) y más brillante será su disco de acreción. El límite de Eddington (o luminosidad máxima del disco de acreción) de un agujero negro supermasivo típico de 700 millones de veces la masa del Sol equivaldría a *26 billones* de veces la luminosidad del Sol.[95] Si suponemos que se irradia aproximadamente el 10 % de la energía gravitatoria absorbida por la materia que se precipita sobre el disco de acreción, entonces (utilizando $E = mc^2$) podemos calcular que la velocidad máxima a la que puede crecer un agujero negro de 700 millones de veces la masa del Sol es el equivalente a tres soles de material al año.

Pero eso es únicamente un máximo. Solo alrededor del 10 % de las galaxias cuentan en su centro con agujeros negros supermasivos activos que están creciendo, es decir, que tienen discos de acreción. Y la mayoría de ellos crecen a menos del 10 % de la velocidad máxima. Tomemos como ejemplo nuestro agujero negro supermasivo situado en el centro de la Vía Láctea, el cual (por fortuna) actualmente no está muy activo. Irradia 10 millones de veces menos que su límite de Eddington, con una luminosidad que es solo unos cientos de veces la del Sol, lo que significa que cada año crece solo el equivalente a una diez mil millonésima parte de la masa de este. Una cantidad exigua.

95. De ahí que los rayos X procedentes de los discos de acreción de toda una serie de agujeros negros supermasivos se detectaran *mucho* antes que cualquier rastro de luz visible de los miles de millones de estrellas de las galaxias que los rodean. No es lo mismo billones que miles de millones.

Si se canalizara la suficiente cantidad de gas en dirección al centro de la Vía Láctea, hacia el agujero negro, técnicamente podría crecer a un ritmo 10 millones de veces mayor. Pero no lo hace: porque los agujeros negros no son aspiradoras infinitas. *No succionan.* Tiene que haber algún proceso que desplace físicamente material hacia el centro antes de que se acerque lo bastante para quedar atrapado en el disco de acreción y entre en órbita por la acción de la gravedad del agujero negro. Si lo pensamos bien, los agujeros negros no se asemejan tanto a las aspiradoras como a los cojines de un sofá: acomodados en tu sala de estar, con su modesta apariencia, sin succionar nada de nada. Pero si por casualidad acercas algo físicamente al borde de uno de esos cojines y se te cae por la parte de atrás, desaparece para siempre.

12

La vieja galaxia no puede ponerse al teléfono porque ha muerto[96]

La presión de radiación es una putada. No solo impide que los agujeros negros alcancen su pleno potencial, sino que sus repercusiones también pueden provocar un enorme impacto en las galaxias circundantes. Los eructos de material que sueltan los discos de acreción que rodean los agujeros negros supermasivos pueden ser tremendamente energéticos; hasta el punto de proyectar al espacio intergaláctico enormes chorros radioemisores cuya longitud supera la anchura de la galaxia. Uno de esos estallidos, descubierto por los astrónomos en marzo de 2020, resultó ser el mayor jamás visto. Abrió una cavidad 17 veces mayor que la Vía Láctea en el gas que ocupaba el espacio intergaláctico de un cúmulo. Sería como si un ser humano eructara en el Reino Unido y abriera una cavidad en la atmósfera terrestre que se extendiera desde Terranova hasta Oriente Próximo.

El hecho de que algo tan diminuto pueda tener un impacto tan enorme no deja de ser alucinante. Empecemos por el tamaño: la Vía Láctea tiene un diámetro de 100.000 años luz, mientras que el de su agujero negro solo mide 0,002 años

96. Parafraseando la conocida canción «Look What You Made Me Do», de Taylor Swift.

luz. A modo de comparación, digamos que hay una proporción de tamaño similar entre un balón de fútbol y la Tierra entera. Imagina que dar un puntapié al balón pudiera afectar a todo el planeta; pues eso es lo que ocurre cuando hablamos de que un agujero negro afecta a una galaxia. Es cierto que se trata de un agujero negro supermasivo, pero en comparación con la masa total de nuestra galaxia es como una gota de agua en el océano. Se calcula que la masa estelar total de la Vía Láctea es de unos 64.000 millones de veces la masa del Sol, mientras que su agujero negro supermasivo central solo tiene cuatro millones de veces dicha masa; es decir, apenas un 0,006 % de la masa estelar de la galaxia. Y hablamos solo de la masa *estelar*, es decir, de la que corresponde a las estrellas; añadiendo todo lo que no podemos ver, como gas, planetas, agujeros negros más pequeños y materia oscura, la masa total de la Vía Láctea asciende a 1,5 billones de veces la del Sol, y entonces el agujero negro supermasivo representa solo el 0,0002 % de ella.

Esa es la razón por la que, si de algún modo pudiéramos eliminar el agujero negro supermasivo del centro de la galaxia, esta no se desmoronaría en absoluto. Es verdad que, considerando que todas las estrellas de la galaxia orbitan en torno a su agujero negro central, esto resulta un poco difícil de entender; más teniendo en cuenta que, si quitáramos el Sol del centro del Sistema Solar, se desataría el caos. Pero ello se debe a que, como veíamos en el capítulo anterior, el Sol representa el 99,8 % de la masa de todo el Sistema Solar: si desapareciera, ya no habría nada que mantuviera a los planetas en órbita y todo se vendría abajo. Pero, en cambio, si desapareciera el agujero negro supermasivo del centro de la galaxia, el resto de ella seguiría teniendo suficiente masa para mantenerlo todo unido (algo que se conoce como *autogravedad*).

Aun así, el agujero negro supermasivo y la galaxia se hallan intrínsecamente unidos, puesto que, de hecho, la proporción entre sus dos masas es una constante en todo el universo. Los astrónomos estadounidenses John Kormendy y Douglas Richstone fueron los primeros en detectarlo en 1995. Tras cotejar observaciones de ocho galaxias cercanas con agujeros negros supermasivos activos (entre ellas, Andrómeda y Messier 87), observaron que existía una correlación entre la masa del agujero negro supermasivo y la masa del bulbo central de estrellas de la galaxia (podemos pensar en las galaxias como en un huevo frito: tienen un hermoso disco plano en forma de espiral similar a la clara, y un «goterón» central de estrellas que recuerda a la yema). De media, los agujeros negros eran mil veces menos masivos que sus respectivas galaxias.

Ahora bien, no puede decirse que ocho galaxias sean precisamente representativas de toda la población galáctica del universo, que probablemente es de billones,[97] por lo que había un incentivo para medir las masas de los agujeros negros supermasivos y de los bulbos de un mayor número de galaxias para confirmar si esa correlación era real. Ello requiere poder calcular el efecto Doppler en la luz emitida por el disco de acreción a fin de obtener la masa del agujero negro supermasivo y luego diseñar un modelo matemático de cómo se distribuye la luz en una galaxia para obtener la masa de su bulbo. A partir de la cantidad de luz que vemos, podemos postular una proporción «masa-luz»; es decir: si hay tal o cual cantidad de luz, ¿cuántas estrellas debe de haber para producirla? Para ello, también hay que saber cuál es la distribución típica de las estrellas de diferentes masas en una galaxia: cuántas estrellas masivas en comparación con cuántas más pequeñas, como media. Obtener todas estas mediciones no es tarea fácil, pero en 1998 había otras

---

97. Aunque existe un chiste muy antiguo en la comunidad astronómica que dice que bastan tres puntos de datos para trazar una línea. Se debe a la histórica escasez de observaciones (o «puntos de datos») disponibles.

32 galaxias para las que disponíamos de una estimación de la masa de su bulbo. Ello fue posible gracias a la labor del astrofísico norirlandés John Magorrian, que en ese momento trabajaba con un gigante de esta disciplina, el astrofísico canadiense Scott Tremaine, en la Universidad de Toronto;[98] actualmente, Magorrian es profesor adjunto de Astrofísica Teórica en la Universidad de Oxford.[99] Basándose en las observaciones del Telescopio Espacial Hubble (recién lanzado y ya ubicado en su posición), demostraron que, en efecto, existía una correlación, y bastante estrecha según los parámetros de la astrofísica: los agujeros negros supermasivos[100] tenían en torno a 166 veces la masa de los bulbos de sus galaxias (en realidad, la Vía Láctea representa un caso atípico en lo referente a esta proporción, ya que tiene un agujero negro mucho más pequeño de lo que cabría predecir por su tamaño).

Esta correlación, actualmente conocida como *relación de Magorrian*, nos brinda una información similar a la que proporciona un fósil de cara a descubrir algo nuevo acerca la evolución de la vida en la Tierra. Nos revela cómo han evolucionado y crecido las galaxias y los agujeros negros durante los 13.800 millones de años de existencia del universo. La clave reside en bulbo galáctico: la yema del huevo central. Una vez disipado el caos inicial de su formación, la mayoría de las galaxias inician su vida como un disco plano de estrellas: todas ellas se desplazan por órbitas pulcramente ordenadas en una misma

98. Todo investigador astrofísico que estudie las galaxias tendrá un ejemplar de *Galactic Dynamics*, de James Binney y Scott Tremaine. Es una especie de biblia para nosotros. Asimismo, las discusiones se zanjan con un rápido: «¿Y qué dicen Binney y Tremaine?».

99. Empiezo a darme cuenta de lo extraño que resulta escribir un libro sobre tus propios colegas.

100. Aunque es interesante señalar que, todavía en una fecha tan reciente como 1998, Magorrian se refería a ellos como «objetos oscuros masivos»; un aleccionador recordatorio de que mi disciplina dentro de la astrofísica aún está en pañales.

dirección y un mismo plano. Sin embargo, si dos galaxias se ven arrastradas una hacia otra debido a la gravedad, pueden fusionarse, multiplicando así su masa, pero alterando también sus órbitas y la hermosa espiral inicial. Tras numerosas interacciones gravitatorias, algunas estrellas pierden energía y se precipitan hacia el centro de la galaxia, donde forman una protuberancia más densa, con órbitas desordenadas en direcciones y planos distintos que se asemejan más bien a un enjambre de abejas.

También los dos agujeros negros supermasivos se fusionan al hacerlo sus galaxias,[101] incrementando así su masa. Pero del mismo modo que las estrellas interactúan y, al hacerlo, algunas de ellas se precipitan hacia el centro, también lo hacen las partículas de gas, que se ven canalizadas hacia el disco de acreción del agujero negro, lo que permite a este seguir creciendo. Se cree que ese crecimiento conjunto de la galaxia y su agujero negro que se produce en la fusión galáctica es la causa de la correlación de Magorrian que existe entre ambos. Este concepto se conoce como *coevolución* de las galaxias y los agujeros negros. No obstante, en mi trabajo más reciente, yo misma he cuestionado la hipótesis de que las fusiones sean el único proceso que puede favorecer dicha coevolución. Junto con mis colegas Brooke Simmons y Chris Lintott, observamos algunas galaxias sin protuberancia —y, por lo tanto, sin fusión— y demostramos que tienen agujeros negros supermasivos cuya masa es comparable a los de aquellas galaxias en las que sí ha habido fusión. Después colaboramos con algunos colegas teóricos,[102] que simularon este crecimiento sin fusión, y descubrieron que podía

101. La probabilidad de que dos estrellas colisionen físicamente en una fusión galáctica es muy pequeña, porque —una vez más— el espacio es muy muy grande.

102. Miembros del equipo de simulación de Horizon-AGN; entre ellos, Garreth Martin, Sugata Kaviraj, Julien Devriendt, Marta Volonteri, Yohan Dubois, Christophe Pichon y Ricarda Beckmann. Ricarda y yo también nos doctoramos

explicar el crecimiento del 65% de todos los agujeros negros supermasivos del universo. Es probable, pues, que las fusiones no sean la fuerza predominante que favorece esa correlación entre los agujeros negros y sus galaxias; pero ¡déjame un poquito más de tiempo para averiguar qué proceso es el responsable en lugar de ellas![103]

Sea cual fuere el motivo, el caso es que actualmente se ha constatado la existencia de esta correlación en una enorme población de galaxias gracias a las observaciones de exploraciones astronómicas de enorme envergadura. En ellas se emplean telescopios que, en lugar de estar a la entera disposición de los astrónomos de todo el mundo para observar unos pocos objetos en el marco del proyecto concreto en el que estén trabajando en ese momento,[104] se dedican a observar el cielo entero noche tras noche, construyendo poco a poco un mosaico de todo el firmamento y detectando objetos cada vez más tenues con cada nuevo barrido. Esto permite construir enormes catálogos de las posiciones, imágenes y espectros de todas las estrellas y galaxias visibles desde esa parte del mundo. Uno de los mayores de tales proyectos de exploración (y uno de los que cuenta con la mayor colaboración de astrónomos de todo el mundo) es el llamado Sloan Digital Sky Survey (SDSS; literalmente 'Exploración Digital del Cielo Sloan'),[105] que emplea el telescopio

---

juntas en Oxford; fuimos compañeras de piso durante dos años y actualmente colaboramos en nuestras investigaciones, además de seguir siendo buenas amigas.

103. Recuerda que la ciencia necesita tiempo... y financiación. Si hay alguien ahí en alguna universidad que quiera ofrecerme una beca o una cátedra permanente para resolverlo... Sí, ya lo sé, el mío es el típico descaro del posdoctorado.

104. Digo a la entera disposición, pero la elaboración de una propuesta para utilizar un telescopio profesional es un proceso muy largo, y no hay garantía del plazo cuando se trata de telescopios para los que hay un tremendo exceso de solicitudes. El VLT de Chile, por ejemplo, tiene una media de ocho veces más solicitudes de las que puede admitir en cada ronda de propuestas.

105. Debe su nombre a la Fundación Alfred P. Sloan, creada en 1934 por Alfred P. Sloan Jr., entonces presidente y director ejecutivo de General Motors. La

óptico de 2,5 metros del Observatorio de Apache Point, situado en la sierra del Sacramento, en Nuevo México. Su primera publicación de datos, en 2003, incluyó los correspondientes a las observaciones de 134.000 galaxias del cielo boreal, entre ellas las de más de 18.000 cuásares. En 2009, esas cifras se habían disparado hasta poco menos de un millón de galaxias y más de 100.000 cuásares.

Gracias a proyectos de exploración como el SDSS, los astrónomos hemos podido acceder al reino de la estadística de grandes números, que nos permite estudiar poblaciones de agujeros negros en crecimiento para dilucidar cuál es su efecto real en las galaxias. Las observaciones del SDSS han confirmado la relación de Magorrian, pero también han revelado que la masa de un agujero negro supermasivo está correlacionada con la masa estelar total de la galaxia, y no solo con la de sus regiones centrales. Sin embargo, estas grandes exploraciones han constatado asimismo que existe un marcado descenso en el número de galaxias más masivas en relación con el resto. Se trata de aquellas galaxias cuyo bulbo constituye el 100 % de su masa: han pasado por tantos procesos de fusión que su forma espiral ha desaparecido por completo y lo que queda es solo un gigantesco «goterón» galáctico.[106]

Esta distribución de las diferentes masas de las galaxias se conoce como *función de luminosidad* (ya que la masa está intrínsecamente ligada a la luminosidad de una galaxia, y es esta última la que medimos de manera directa); para averiguar qué aspecto tiene gráficamente, primero hay que saber cómo se forman las galaxias y con qué masas, y cómo evolucionan después. Los astrofísicos británicos Martin Rees y Simon White, junto

---

fundación concede subvenciones a todo tipo de proyectos de ciencia, tecnología e ingeniería.

106. El término técnico es *galaxia elíptica*, pero yo prefiero «goterón», sobre todo porque, por alguna razón, me recuerda a Mr. Bean.

con el estadounidense Jerry Ostriker,[107] fueron los primeros que trataron de predecir, a finales de la década de 1970, qué causaba esas diferencias entre el número de galaxias más pequeñas y más masivas. Se trata de un trío de científicos a los que querrías invitar a una cena: Rees es el Real Astrónomo actualmente en ejercicio en el Reino Unido, y con anterioridad fue director del Trinity College de Cambridge y presidente de la Royal Society; White por entonces era estudiante de doctorado en Cambridge y posteriormente se convertiría en uno de los directores del Instituto Max Planck de Garching, Alemania; Ostriker completó su doctorado en la Universidad de Chicago a finales de la década de 1960 nada menos que con Subrahmanyan Chandrasekhar (famoso por determinar la masa máxima de una enana blanca), y ha sido profesor de astrofísica en Cambridge, Princeton y Columbia, además de rector de la Universidad de Princeton. No cabe duda de que los tres son Grandes Nombres de la Física. Trabajando conjuntamente, idearon un modelo para explicar cómo se formaron las galaxias en el universo primitivo a medida que las nubes de gas empezaron a enfriarse, dado que, si un gas está demasiado caliente, puede resistir la presión gravitatoria y no llegará a ser lo bastante denso para formar estrellas.

Rees, Ostriker y White pensaron que el fuerte descenso de la función de luminosidad observado en masas elevadas podía explicarse si las galaxias más masivas se formaron a partir de las nubes de gas igualmente más masivas. Razonaron que el universo no ha existido el tiempo suficiente para que esas nubes de gas más masivas hayan podido enfriarse. Su modelo básico de enfriamiento de las nubes de gas se iría perfeccionando de manera constante durante las décadas posteriores por parte

107. Jerry Ostriker es el marido de la célebre poeta estadounidense Alicia Ostriker, conocida por sus poemas feministas judíos.

de toda una serie de astrofísicos, para abarcar no solo las fusiones de nubes de gas, sino también el efecto de las estrellas recién formadas, que, en tanto emiten más calor, impiden que aquellas se enfríen. A comienzos de la década de 2000, los astrónomos disponían ya de un modelo realista y —lo que es más importante— con la suficiente potencia de cálculo para simular la formación y evolución de las galaxias en el universo.

A partir de ahí, se podía comparar de forma directa el universo simulado por ordenador con el universo físico observado para comprobar si se había acertado en todo; incluida la forma de la función de luminosidad, que se determina contando simplemente el número de galaxias que se obtienen para cada masa. Pronto resultó evidente que uno y otro universo no coincidían en lo más mínimo. En la función de luminosidad simulada había un número excesivo de galaxias de masa elevada. Eso significaba que las simulaciones pasaban algo por alto: o bien se había codificado erróneamente alguna ley física, o bien no se había tenido en cuenta alguno de los procesos que afectaban a las galaxias.

En la vanguardia del desarrollo de estas simulaciones se encontraba un grupo de astrofísicos del Instituto de Cosmología Computacional de la Universidad de Durham, entre ellos Carlos Frenk, Cedric Lacey, Carlton Baugh, Shaun Cole, Richard Bower y Andrew Benson.[108] Trabajando conjuntamente, se dieron cuenta de que el proceso que faltaba en las simulaciones era la energía inyectada por los flujos de salida impulsados por la presión de radiación en los discos de acreción que rodean los agujeros negros supermasivos. En 2003 consiguieron incorporar

108. Frenk, Lacey, Baugh y Cole me impartieron clases sobre una determinada área de la física mientras estudiaba en la Universidad de Durham. Esa es una de las cosas maravillosas de ser estudiante: recibir enseñanzas de expertos que están en la vanguardia de la investigación. Pero tampoco es que seas plenamente consciente de ello en ese momento.

dicho proceso a sus simulaciones y mostrar cómo estas recreaban el fuerte descenso observado de la función de luminosidad: la simulación ya no producía un exceso de galaxias masivas.

La idea es que el flujo de salida de radiación y material procedente de la acreción hacia el agujero negro puede o bien calentar el gas (con lo que este no puede enfriarse y colapsar para formar nuevas estrellas), o bien expulsarlo por completo de la galaxia. En cualquiera de los dos casos, el efecto sería que muy pronto se interrumpiría la formación de estrellas en la galaxia, al menos en aquellas con los agujeros negros supermasivos de mayor masa, que, como hemos visto, son los que se encuentran en las galaxias también más masivas. Llamamos a esto *efecto de retroalimentación* porque, conforme la galaxia alimenta al agujero negro, este, a su vez, puede expulsar energía que repercute de manera negativa en la propia galaxia; básicamente se podría decir que la galaxia se pega un tiro en el pie. Se cree que esta retroalimentación regula la coevolución de las galaxias y sus agujeros negros centrales, impidiendo que unas y otros crezcan más de la cuenta.

Dado que muchos otros equipos de simulación consiguieron recrear el resultado del grupo de Durham, la comunidad de astrofísicos teóricos terminó aceptando la hipótesis de la retroalimentación. El problema es que nosotros, los astrofísicos observacionales que utilizamos telescopios para tomar datos del universo real, no hemos encontrado ninguna prueba de que eso ocurra. Ha habido algunos casos concretos, en galaxias concretas, en los que se han podido observar los efectos negativos de un chorro de eyección o flujo de salida de un disco de acreción (a veces llegando a provocar incluso perturbaciones que compriman el gas, permitiendo la formación de nuevas estrellas, en un proceso conocido como *retroalimentación positiva*); pero no así en los estudios a escala poblacional de gran envergadura —como, por ejemplo, los que utilizan datos de

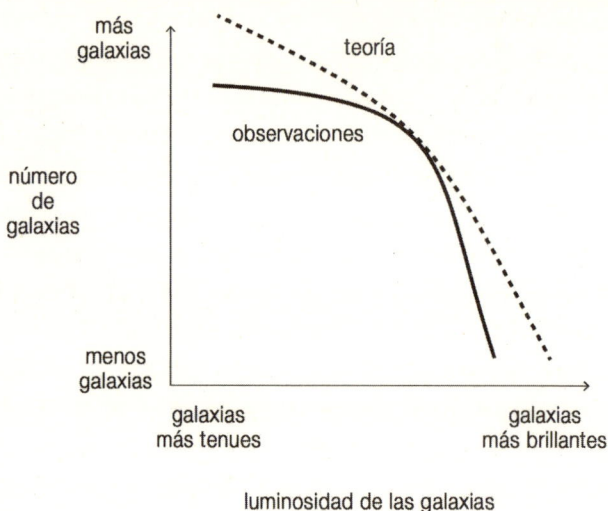

Una «función de luminosidad» de pega, donde se muestra el número de galaxias que se encuentran en cada nivel de luminosidad que observamos en el universo (línea continua) en comparación con el número obtenido originalmente en las simulaciones (línea discontinua). En un primer momento, las simulaciones predecían un exceso tanto en el número de galaxias muy brillantes como muy tenues, lo que revelaba que se habían pasado por alto algunos procesos físicos.

exploraciones exhaustivas del cielo como SDSS—, que nos permitirían extraer conclusiones sobre el universo en su conjunto. Y yo lo sé muy bien, puesto que es exactamente a eso a lo que dedico la otra mitad de mi tiempo de investigación: a tratar de encontrar pruebas estadísticas de la retroalimentación negativa, contribuyendo a añadir mi propio granito de arena de conocimiento al saber astrofísico colectivo, como todos los que me precedieron.

Una forma de saber si el flujo de salida de un agujero negro supermasivo activo ha afectado o no a una determinada galaxia es observar su color. Como veíamos al principio del libro, las estrellas azules, que son más masivas, tienen vidas mucho más cortas que las rojas, de menor tamaño. Por lo tanto, si observamos el color del conjunto de una galaxia y predomina el azul, sabemos que en ella deben de haberse formado recientemente nuevas estrellas; si, por el contrario, en una galaxia predomina en general el rojo, significa que ha transcurrido el suficiente tiempo para que las estrellas más masivas hayan muerto y dado origen a supernovas, quedando tan solo las más pequeñas, longevas y rojas (como los rescoldos de un fuego). Curiosamente, alrededor del 70 % de estas galaxias en las que han dejado de formarse estrellas —a las que llamamos *rojas y muertas*— resultan ser grandes galaxias del tipo «goterón».[109] A partir del color de una galaxia podemos deducir su tasa media anual de formación estelar, es decir, cuántas estrellas nuevas se forman en ella cada año.

En 2016, en el marco de mi doctorado, estuve buscando correlaciones en toda la población de galaxias entre sus tasas de formación estelar y la presencia o ausencia de agujeros negros supermasivos activos en ellas. Me emocioné mucho al descubrir que había una diferencia entre las galaxias que tenían agujeros negros supermasivos en crecimiento activo y las que no. Estaba a punto de gritar a los cuatro vientos que había encontrado la prueba que estaban buscando los astrofísicos cuando recordé algo que siempre nos inculcan a los estudiantes de ciencias: correlación no implica necesariamente causalidad.

Por ejemplo, las ventas de helados y de gafas de sol están correlacionadas. ¿Significa eso que si te pones unas gafas de sol

---

109. Durante la mayor parte del siglo xx se creyó que todas las galaxias rojas eran del tipo «goterón». Pero, gracias al trabajo de la astrofísica británica Karen Masters y el equipo del Proyecto Galaxy Zoo, utilizando imágenes del Sloan Digital Sky Survey, se constató que alrededor del 30 % de las galaxias rojas en realidad tienen forma de espiral; así pues, no se requiere fusión para detener la formación de estrellas.

de inmediato te apetecerá un helado? ¿O que cuando te tomas un helado te entran ganas de parecer tan guay como tu postre? No. Las dos cosas están correlacionadas porque ambas se deben a que hace un tiempo cálido y soleado. Al recordarlo, me di cuenta de que lo que había encontrado eran pruebas de una interrupción de la formación estelar coincidiendo con la presencia de un agujero negro activo. ¿Y si era otro proceso el que en realidad había causado ambas cosas? Algo que hubiera calentado el gas hasta detener la formación de estrellas y, al mismo tiempo, lo hubiera canalizado hacia el centro de la galaxia, alimentando el agujero negro. ¿Quizá la fusión de dos galaxias? ¿O algo por completo distinto?

Así que ahora, en mi investigación actual, estoy intentando encontrar la prueba irrefutable de la retroalimentación de los agujeros negros supermasivos, algo que esté inequívocamente causado por el propio flujo de salida del disco de acreción. Para ello me he unido a un proyecto en el que colaboran astrofísicos de todo el mundo, que trabajan con el mismo telescopio que llevó a cabo el SDSS. El proyecto ha completado hace poco una nueva exploración, denominada MaNGA,[110] en la que, en lugar de hacer una única observación de toda una galaxia, se han lle-

---

110. Idea del astrofísico estadounidense Kevin Bundy, actualmente profesor adjunto en la Universidad de California en Santa Cruz, y un brillante defensor de todos los que trabajamos en el proyecto. Conocí a Kevin en una conferencia en la isla mexicana de Cozumel, que se celebraba en un complejo turístico con todo incluido. En el hotel había una piscina con un bar dentro, pero los estudiantes de doctorado (como era yo entonces), desesperados por causar una buena impresión a los académicos más veteranos, ignorábamos diligentemente el bar y asistíamos a todas las sesiones de investigación. Sin embargo, pronto nos dimos cuenta de que la mejor forma de relacionarse en aquella conferencia no era asistir a las sesiones, sino pasarse por el bar, ya que parecía evidente que era allí a donde se dirigían todos los académicos veteranos. Recuerdo que cogí una piña colada, me acerqué nadando a un grupo de gente que estaba charlando y me presenté a la persona más cercana: «Hola, soy Becky». Cuando escuché: «Hola, soy Kevin Bundy», casi me atraganto con la bebida.

vado a cabo más de cien, elaborando un mosaico de la galaxia para poder observar cada región individualmente; y esto se ha llevado a cabo en más de 10.000 galaxias. Ya no tenemos que resignarnos a reducir un sistema complejo de miles de millones de estrellas a una única medición: ahora podemos echar un vistazo a la estructura interna de una galaxia para dar respuesta a preguntas que aún no la tienen y que siguen asediando a quienes estudian la evolución de las galaxias.

Mi parte en este proyecto consiste en intentar detectar los efectos de retroalimentación que los agujeros negros supermasivos ejercen en las galaxias. ¿Existe una correlación entre la tasa de formación estelar en una determinada zona de la galaxia y su distancia al agujero negro del centro? ¿El descenso de la formación estelar refleja la energía del flujo de salida a medida que se desplaza por la galaxia? Si este efecto existe, ¿es más apreciable en las galaxias con agujeros negros más masivos? Tales son las preguntas sin respuesta sobre las que reflexiono en la actualidad. Son temas complejos y es fácil sentirse frustrada por la falta de progresos. Pero los grandes avances no se producen de la noche a la mañana; la historia plasmada en este libro es testimonio de que ganar la carrera colectiva del conocimiento humano requiere ser lento y constante.

Con el tiempo, mis colegas y yo analizaremos todos nuestros datos y publicaremos nuestros resultados, que conjuntamente nos darán la imagen del gran puzle de lo que en realidad está ocurriendo. ¿Son los flujos de salida de los agujeros negros en acreción responsables de la interrupción de la formación estelar en sus galaxias y de que estas se conviertan en galaxias «rojas y muertas»? Sea como fuere, ha habido algo que ha estado matando galaxias: *se ha cometido un crimen*. Y nosotros, los detectives de la astrofísica, acabaremos por resolver el caso.

13

No puedes evitar que llegue el mañana

Todos tenemos una palabra favorita. Esa combinación de sílabas, consonantes y vocales que de algún modo nos despierta alegría. Ya hemos visto antes que a Tolkien le encantaba el sonido de su preciada combinación de palabras *cellar door*. En mi caso, mi palabra favorita de toda la lengua inglesa es *spaghettification*. Mi boca tiene que hacer horas extra para pronunciarla, mis dedos deben abrirse paso dificultosamente por el teclado para escribirla, y mi cerebro tiene que pensar mucho para recordar cómo se escribe.[III] Pero te reto a que pruebes a pronunciarla en inglés sin que se te escape una sonrisa. A lo mejor al hacerlo incluso te pones en la piel de Sean Connery, imitando su voz potente.

Bueno, pues aunque pueda parecer un término que me he inventado para pasármelo bien, lo cierto es que la *spaghettification*, en español *espaguetización*, existe de verdad: es un fenómeno astrofísico provocado por los agujeros negros. Puede que toda la información que hemos visto hasta ahora sobre los agujeros negros te haya entusiasmado tanto como a mí. Incluso puede que te estés preguntando cómo sería visitar un agujero negro, o quizá acercarte lo bastante para echar un vistazo más

---

III. Si el espacio ya resulta difícil, las palabras ni te cuento.

allá del horizonte de sucesos. Pues bien, permíteme advertirte desde ya mismo, estimado lector, de que en realidad eso es algo que nunca querrías hacer, justamente por temor a ser espaguetizado.

La gravedad en torno a un agujero negro es tan fuerte que, si cayeras en él de cabeza, la diferencia entre la atracción gravitatoria ejercida sobre tu cabeza y sobre tus pies sería tan enorme que te estirarías como la Elastigirl de *Los Increíbles*. Tu aspecto se parecería más al de un espagueti que al de un ser humano: una larga y delgada cadena de átomos extendiéndose hasta el mismo centro del agujero negro. Hemos visto cómo les ocurre eso a las nubes de gas como G2 al acercarse al agujero negro central de la Vía Láctea, pero también lo hemos observado en estrellas, que pasan de ser perfectamente esféricas a adquirir una forma alargada.

Ello se debe al gradiente de la fuerza de la gravedad en torno a un agujero negro. Si estamos lo bastante alejados, la atracción gravitatoria no difiere de la de un planeta o una estrella, pero en el momento en que nos acercamos demasiado el incremento es exponencial. Es este gradiente el que causa la espaguetización: imagina que estás en la parte superior de un tobogán de agua extremadamente empinado, sosteniéndote donde este es más plano, pero tus piernas cuelgan sobre el borde extendiéndose hasta abajo del todo. Curiosamente, en lo relativo a la espaguetización, hay que tener más cuidado con los agujeros negros de menor masa que con los supermasivos.

Conforme aumenta la masa de un agujero negro, su horizonte de sucesos se extiende. El área del espacio sobre la que el agujero negro ejerce su influencia es mucho mayor; sin embargo, el gradiente gravitatorio no se hace verdaderamente pronunciado hasta muy cerca del agujero negro, a veces incluso bastante dentro del propio horizonte de sucesos. En cambio, un agujero negro menos masivo tiene un horizonte de sucesos más reducido, y el gradiente gravitatorio puede llegar a ser muy pronunciado fuera de él. No es que en torno a un agujero negro de menor tamaño la gravedad sea más fuerte, sino que, al acercarse, su fuerza cambia más rápidamente a cada paso. Piensa en ello como algo parecido a lo que ocurre con las montañas: la altitud de una montaña puede ser menor que la de otra, pero la subida puede ser mucho más empinada.

O, si te gusta esquiar, piensa que acercarte a un agujero negro menos masivo sería como practicar esquí de fondo en llano durante un rato antes de que de pronto la pendiente se convierta de manera abrupta en una empinadísima pista negra en la que podrías lesionarte fácilmente. Por suerte, hay un remonte que te aleja del peligro (puesto que en esta analogía aún no has cruzado el horizonte de sucesos). En cambio, acercarte a un agujero negro supermasivo sería como estar en una suave pista verde para principiantes durante mucho rato, que se va convirtiendo de forma gradual en una pista azul, algo más pronunciada; luego en una roja, algo más pronunciada, y al final, de nuevo, en una empinadísima pista negra en la que podrías lesionarte fácilmente; solo que en este caso te das cuenta demasiado tarde de que no hay remonte que pueda alejarte de allí y de que el único camino es hacia abajo. El agujero negro supermasivo de la Vía Láctea está en la gama baja de los de su clase; de ahí que la nube de gas G2, cuando lo rodeó en 2014, quedara un poco espaguetizada, pero por lo demás saliera ilesa (digamos que pudo acceder al remonte, por seguir con la analogía).

De modo que, si desearas desesperadamente sentir los efectos de la espaguetización, en teoría podrías acercarte a un agujero negro poco masivo y, aun así, salir de rositas; pero, eso sí, tu propia forma cambiaría de manera irremisible. Eso es lo que experimentarías si «cayeras» en un agujero negro; pero ¿qué es lo que verías? Suponiendo que pudieras resistir de algún modo los efectos del estiramiento, quizá en una nave espacial a prueba de espaguetización,[112] ¿qué verías por la ventanilla? Bueno, gracias a la relatividad general disponemos de las ecuaciones necesarias para calcular lo que pasaría sin que ningún astronauta tuviera que hacer el sacrificio supremo.

Supongamos que el agujero negro en el que caemos no acumula material por acreción; así no quedaremos cegados o fulminados por la radiación de alta energía mientras permanecemos sentados en el asiento de ventanilla de nuestra nave espacial. A gran distancia no se vería gran cosa, ya que al fin y al cabo los agujeros negros son extremadamente densos, de modo que su tamaño es bastante pequeño, y no atisbarías nada desde lejos. Sin embargo, al acercarte llegarías a divisar un pequeño círculo oscuro en el que no habría luz alguna: es el horizonte de sucesos.

Conforme te aproximaras más al agujero negro, empezarías a pensar que tu mente te estaba jugando una mala pasada. Los agujeros negros curvan el espaciotiempo hasta el extremo de afectar a la trayectoria de la luz procedente de detrás de ellos tanto como la que los rodea, alterando la percepción de la perspectiva. Al aproximarte a un cuerpo celeste normal y corriente en tu viaje desde la Tierra, como, por ejemplo, la Luna, este se iría haciendo cada vez más grande en tu ventanilla de forma directamente proporcional a lo cerca que estuvieras. Cuando estuvieras a mitad de camino, la Luna parecería el doble de grande que desde la Tierra. Pero con toda esa curvatura de la luz a su alrededor, los agujeros negros no se comportan igual que la Luna.

Los agujeros negros son como los peces globo: parecen más grandes de lo que realmente son. La luz de las estrellas situadas detrás de ellos se desvía hacia un lado, de modo que la zona de

---

112. Tengo tramitada la patente.

la que no sale luz alguna parece más grande de lo que es; un efecto que se va haciendo más intenso a medida que nos acercamos. Tanto es así que, si nos encontráramos a una distancia de un agujero negro equivalente a diez veces la de su horizonte de sucesos, aquel bloquearía por completo nuestra visión al mirar por la ventanilla de la nave espacial. En cambio, si estuviéramos a una distancia de la Luna equivalente a diez veces su diámetro, su tamaño aparente sería el mismo que tendría nuestro puño con el brazo extendido.

Si nos acercáramos aún más, el agujero negro seguiría pareciendo más grande a tu alrededor, y la oscuridad iría engullendo lentamente la nave espacial desde todos los ángulos en tanto el agujero negro seguiría curvando la luz hacia fuera y alejándola de ti. Si miraras hacia atrás, no solo verías la vista propia del camino por el que has venido, sino también la de lo que hay detrás del agujero negro, curvada hacia tu línea de visión. Una vista de 360° comprimida en un círculo cada vez más pequeño, hasta que, al llegar al horizonte de sucesos, se convertiría en un único punto de luz: la luz de todo el universo curvada hacia tus ojos en un último vistazo, una última mirada hacia atrás por encima del hombro, antes de enfrentarte a lo desconocido.

No puedo decirte qué ocurre después, cuando cruzas el horizonte de sucesos. ¿Te sumes en la oscuridad o en una luz cegadora? ¿Hay allí algún objeto similar a una estrella, hecho de una forma exótica de materia que desconocemos y retenido por alguna otra forma de presión de degeneración: la siguiente etapa en la evolución estelar, de enana blanca a estrella de neutrones y luego a *otra cosa*? ¿Toda la materia que ha quedado atrapada más allá del horizonte de sucesos durante miles de millones de años se ha convertido en energía pura? ¿Existe realmente una singularidad? Solo tú lo sabrías tras haber cruzado; pero nunca podrías compartir con el resto del mundo lo que descubrieras.

Una vez cruzado el horizonte de sucesos, todas las direcciones serían «cuesta abajo». Aunque te volvieras por donde habías venido, todos los caminos te llevarían al centro. Quizá fueras presa del pánico e intentaras acelerar para alejarte del centro y volver a salir, pero eso solo te llevaría al centro aún más deprisa. No hay salida. Todas las versiones de tu futuro terminan por llevarte al mismo centro del agujero negro. El espacio y el tiempo se convierten en uno, de modo que el futuro es una dirección en el espacio más que en el tiempo. Tu nave espacial no podría salvarte, igual que no podría evitar que llegara el mañana.

Esta, no obstante, es solo tu perspectiva: lo que tú verías. Pero ¿y si tuvieras un amigo que quisiera ver desde una distancia segura lo que ocurre cuando caes en el agujero negro? Tal vez podríais establecer un sistema en el que le enviaras una ráfaga de luz cada minuto, como una especie de faro, para hacerle saber que el viaje transcurre sin incidentes. Desde tu perspectiva, en tu nave espacial, transmitirás esas ráfagas puntualmente cada minuto. Pero no será eso lo que verá tu amigo. Porque, conforme te acerques cada vez más al agujero negro y a su intensa gravedad, para ti el tiempo transcurrirá de forma distinta que para tu amigo, que permanece a una distancia segura. Lo que a ti te parece un minuto, desde su perspectiva puede ser una hora o más.

Esto se conoce como *dilatación del tiempo*, un concepto que explicó Einstein en su teoría de la relatividad especial en 1905, y que afecta a los objetos en movimiento. El físico norirlandés Joseph Larmor ya había predicho este fenómeno en 1897 en referencia a los electrones que orbitan los núcleos de los átomos, pero fue Einstein quien lo vinculó a la propia naturaleza del tiempo, y no a una propiedad de los electrones. Einstein dedujo la relación entre la diferencia de tiempo transcurrido y la diferencia de velocidad a la que se desplazan dos objetos: cuanto mayor es la diferencia de velocidad, mayor es la diferencia de tiempo; hasta el punto de que, al alcanzar la velocidad de la luz, el tiempo se detiene.

Las velocidades a las que podemos llegar actualmente en los viajes espaciales no generan una dilatación del tiempo perceptible para los astronautas. Por ejemplo, los astronautas de la Estación Espacial Internacional, que orbita a una altitud media de 408 km y a una velocidad de 27.500 km/h, experimentan en torno a 0,01 segundos menos de tiempo que quienes estamos en la Tierra por cada año que pasan en el espacio. Es decir: tras un año en la Estación, vuelven a la Tierra 0,01 segundos más jóvenes de lo que serían si se hubieran quedado en casa.

Se denomina a este fenómeno *dilatación cinemática del tiempo*, un efecto causado por un incremento de la velocidad. Pero existe asimismo un segundo tipo de dilatación temporal: la llamada *dilatación gravitacional del tiempo*. Además de por el aumento de la velocidad, también puede producirse dilatación del tiempo como consecuencia de una gravedad tremendamente intensa: cuanto más fuerte es la gravedad, más lento transcurre el tiempo para quien la experimenta en relación con alguien situado en una zona de menor gravedad. Este efecto no se aprecia tan solo en torno a los agujeros negros: la gravedad en el núcleo de la Tierra también es más fuerte que en la corteza, lo que hace que el primero sea un poquito más joven que esta última. Eso implica asimismo que los astronautas de la Estación Espacial Internacional, con menos gravedad de la que tenemos nosotros aquí abajo, experimentan el tiempo un poquito más deprisa, lo que en la práctica contrarresta el efecto rejuvenecedor de la dilatación cinemática del tiempo debida a la velocidad.

La dilatación del tiempo se ha puesto a prueba y se ha constatado muchas veces y de muchas maneras durante el último siglo, pero quizá el experimento más conocido sea el que diseñaron dos científicos estadounidenses, el físico Joseph Hafele y el astrónomo Richard Keating. Cierto día de 1970, Hafele, que era profesor adjunto en San Luis, estaba preparando una clase sobre la relatividad y la dilatación del tiempo. Para terminar, hizo un cálculo rápido de la dilatación que experimentaría un avión comercial con una velocidad típica de 300 m/s (unos 1.000 kilómetros por hora), volando a la altitud habitual de 10.000 metros. Calculó que la combinación de la ralentización del tiempo debida a la dilatación cinemática y la aceleración debida a la menor gravedad daría una diferencia de tiempo total de unos 100 nanosegundos (0,0000001 segundos; recuerda que el tiempo de reacción humano es de 0,25 segundos, por lo que se trata de una pequeñísima fracción de segundo).

Para medir una diferencia tan pequeña se necesita un reloj extraordinariamente preciso, es decir, capaz de medir el tiempo con una precisión de nanosegundos. En 1955 se construyó el primer reloj de este tipo en el Laboratorio Nacional de Física del Reino Unido, ubicado al suroeste de Londres, utilizando para ello átomos de cesio como cronómetro interno. La luz de las estrellas no es la única que puede hacer que los electrones de los átomos salten de sus órbitas y entren en un estado excitado: podemos utilizar láseres para obtener el mismo efecto. Los electrones absorben un poco de energía, suben un nivel energético y luego vuelven a bajar, emitiendo luz de una longitud de onda muy específica (es decir, de un color específico). Así es como sabemos qué elementos están presentes en las nubes de gas de las nebulosas que forman las estrellas: cada elemento concreto emite un color concreto, como una huella dactilar.

Podemos afinar aún más este proceso: si el láser utilizado tiene la misma longitud de onda que la luz que emiten los electrones al bajar de órbita, se alcanza un punto óptimo, y se proporciona a los electrones la cantidad justa de energía para mantenerlos fluctuando entre sus estados normal y excitado.

Decimos entonces que existe resonancia entre el átomo y el láser, o que uno y otro están en resonancia. Si logramos dar con esa longitud de onda óptima con nuestro láser, sabremos la frecuencia exacta a la que se produce la transición gracias a la ecuación de velocidad de onda que todos hemos aprendido en el colegio. Puesto que la velocidad de la luz es constante, la frecuencia y la longitud de onda se hallan intrínsecamente relacionadas: velocidad de la luz = frecuencia × longitud de onda.

En el caso de los átomos de cesio, hemos encontrado la longitud de onda óptima del láser, y sabemos que los electrones saltan arriba y abajo entre sus dos primeras órbitas cuando están en resonancia a 9.192.631.770 veces por segundo. Esta es una cifra tan precisa que, mientras que antes se definía el *segundo* basándose en la rotación de la Tierra como 1/86.400 de la duración de un día, actualmente se define mediante un reloj atómico de cesio debido a su mayor exactitud (y de este modo también es mensurable en cualquier parte del universo). Los actuales relojes atómicos de cesio son tan precisos que ni siquiera dentro de 100 millones de años se habrán atrasado o adelantado un solo segundo (compárese con un reloj de pulsera mecánico típico, que atrasa unos cinco segundos al día de media).

En 1970, los relojes atómicos no eran tan precisos como ahora, pero aun así podían medir el tiempo con unos pocos nanosegundos de precisión. Hafele era consciente de que dos de las tres cosas que necesitaba para poner a prueba fácilmente las predicciones de la relatividad sobre la dilatación del tiempo estaban a su alcance: aviones y relojes atómicos. El tercer elemento, el dinero, no le resultaba tan accesible. Pasó otro año como una especie de mendigo académico, pidiendo dinero a numerosas instituciones para poder llevar a cabo el experimento, hasta que conoció al astrónomo Richard Keating, que trabajaba en el Departamento de Relojes Atómicos del Observatorio

Naval de Estados Unidos. Por entonces también se utilizaban relojes atómicos en la navegación marítima, un método mucho más útil que observar la cadencia de los eclipses de Ío. Keating ayudó a Hafele a obtener 8.000 dólares de financiación de la Oficina de Investigación Naval, 7.000 de los cuales se gastaron en contratar los servicios de aviones comerciales junto con su tripulación. En cada vuelo había sendos asientos para Hafele y Keating, y otros dos más para un pasajero llamado «Señor Reloj».

Volaron con el reloj atómico alrededor del globo en dirección este y, dos semanas después, hicieron el trayecto inverso en dirección oeste, comparando la hora registrada en el reloj con las de varios otros que el Observatorio Naval había mantenido en tierra. En este experimento, los aviones están en movimiento y el centro de la Tierra es el punto de referencia estacionario, dado que este no se mueve aunque nuestro planeta gire. Un avión que vuela hacia el este, en la misma dirección en la que gira la Tierra, tiene una velocidad relativa mayor que uno que lo hace hacia el oeste, en la dirección opuesta a la rotación del globo. Por lo tanto, en los dos vuelos debería producirse una dilatación cinemática del tiempo distinta (por la que en el vuelo hacia el este el reloj atrasaría en relación con el vuelo hacia el oeste). Combinando esta con el efecto mucho más intenso de la dilatación gravitacional del tiempo (suponiendo que los dos vuelos se produzcan exactamente a la misma altitud constante, lo que en realidad no sería del todo el caso), el resultado total previsto sería de 40 nanosegundos de retraso en el vuelo hacia el este, y 275 nanosegundos de adelanto en el vuelo hacia el oeste.

Hafele y Keating publicaron sus resultados en 1972, informando de que en el vuelo en dirección este habían medido un retraso de 59 nanosegundos (con un error de medición de ±10 nanosegundos, lo que significa que el valor podría hallarse entre 49-69 nanosegundos), y, en el vuelo en dirección oeste, un adelanto de 273 nanosegundos (con un error de ±7 nanosegundos). La concordancia entre los valores previstos y los medidos en este experimento resulta asombrosa, y desde entonces se ha repetido muchas veces, con los mismos resultados. Esto demuestra hasta qué punto podemos formular predicciones exactas con las teorías de la relatividad especial y general de Einstein. Y además resulta muy útil, puesto que los satélites GPS que orbitan alrededor de la Tierra sufren esa misma dilatación cinemática y gravitacional del tiempo (la segunda de ellas es la que predomina): los relojes que llevan dichos satélites a bordo adelantan 38.640 nanosegundos por día en comparación con los relojes de la Tierra; si no corrigiéramos esta ganancia de tiempo, el GPS sería totalmente inútil para dar una posición exacta al cabo de dos minutos, y los errores de posicionamiento resultantes se multiplicarían a razón de 10 km al día.

De modo que, incluso aquí en la Tierra, justo por encima de nuestras cabezas, la relatividad tiene un efecto apreciable. Imagina, pues, cuál será el efecto de la dilatación gravitacional del tiempo en torno a un agujero negro un billón de veces más masivo que nuestro planeta. Viajando en tu nave espacial a prueba de espaguetización, y enviando una ráfaga de luz una vez por minuto al amigo que observa tu viaje hacia el agujero negro, no notarías ninguna diferencia en el flujo del tiempo. Para ti un minuto seguiría pareciendo un minuto, y no tendrías la menor sensación de que el tiempo se ha ralentizado. Para tu amigo, en cambio, las ráfagas de luz tardarían cada vez más en llegar, mientras tu velocidad parecería disminuir conforme te acercaras al horizonte de sucesos. Un minuto entre dos ráfagas se convertiría en una hora, una hora en un día, un día en un año, y un año en un siglo. De hecho, quien te observara nunca llegaría a verte cruzar el horizonte de sucesos, como si para ti el tiempo se hubiera detenido, cuando en realidad tú lo habrías cruzado sin problema, con la sensación de que solo habían transcurrido unas horas o unos días desde el inicio de tu viaje. Al cruzar ese punto de no retorno, el suceso de tu ráfaga de luz quedaría para siempre fuera de la posible capacidad de observación de tu amigo.

Esa impresión de que el tiempo parece detenerse es una ilusión óptica producida por los efectos de la dilatación gravitacional, similar a la ilusión de que el agujero negro parece mucho más grande al mirarlo por la ventanilla debido a la curvatura del espacio. En ese sentido, no cabe duda de que los agujeros negros son unos mentirosos consumados: no podemos fiarnos de lo que vemos. En cambio, las ecuaciones de la relatividad general pueden abrirnos la puerta y revelarnos la verdad por masivo que sea el agujero negro.

14

¡Vaya, Judy, lo has conseguido!
¡Por fin está llena![113]

Con cuatro millones de veces la masa del Sol, el agujero negro del centro de la Vía Láctea puede parecer impresionantemente grande, pero está muy lejos de ser el mayor de ellos. El único agujero negro del que tenemos una imagen (al menos en el momento de redactar estas líneas) es el de tipo supermasivo situado en el centro de la galaxia M87 del que hablamos en el capítulo 10. M87 es una galaxia situada en el mismo centro del supercúmulo de galaxias del que forma parte la Vía Láctea; si pudiéramos alejarnos de la Tierra para verlo entero, observaríamos que en el centro de todo se halla el agujero negro supermasivo de M87. El viejo dicho de «todos los caminos conducen a Roma» debería ser, en realidad, «todos los caminos conducen a los agujeros negros».

El agujero negro de M87 es 6.500 millones de veces más masivo que el Sol, lo que hace que el de la Vía Láctea parezca un peso mosca. Pero ni siquiera ese es el mayor de todos. La corona de los pesos pesados se la lleva TON 618, que tiene 66.000 millones de veces la masa del Sol. Es tan grande que los

113. Esta va por los aficionados a *Friends* (la frase aparece en el episodio 8 de la temporada 5).

astrónomos han tenido que acuñar un nuevo término para designarlo: *agujero negro ultramasivo*. Pero, como ya hemos visto antes, los agujeros negros no succionan, no son aspiradoras infinitas. Su velocidad de crecimiento está restringida por la presión de radiación (es decir, por el límite de Eddington).

Sabemos que en la mayoría de los agujeros negros la acreción no se produce en el límite de Eddington, a su velocidad máxima, debido a la presión de radiación que empuja el material hacia fuera. Si observamos la distribución de la tasa de crecimiento de los agujeros negros supermasivos activos, vemos que, de término medio, acumulan material aproximadamente a un 10 % de su velocidad máxima posible. Siendo así, ¿pueden los agujeros negros crecer de manera indefinida a ese ritmo sin que haya ningún límite en la masa que pueden alcanzar? Técnicamente, el máximo teórico sería un agujero negro que contuviera toda la masa del universo. Esa cifra resulta un poco difícil de calcular, pero rondaría los 10^{60} kilogramos, es decir, un uno seguido de sesenta ceros, o un *decillón*, por utilizar el término técnico.

Creo que es mi deber cívico señalar aquí que un agujero negro con una masa de un decillón de kilogramos es algo extremadamente improbable. El propio espacio se expande, separando cada vez más las galaxias y, por lo tanto, la materia del universo. Eso reduce la cantidad de material que a la larga podrá alimentar la acreción de los agujeros negros; una vez estos hayan agotado el suministro que puede darles su propia galaxia, se acabó. También reduce la probabilidad de que se produzcan fusiones de galaxias conforme envejece el universo y, en consecuencia, también comporta menos fusiones de agujeros negros supermasivos. En el mejor de los casos, una fusión puede duplicar la masa del agujero negro, por lo que se trata de un proceso de crecimiento muy eficiente; pero con cada día que pasa disminuyen las posibilidades de que se produzca.

El crecimiento de los agujeros negros supermasivos depende sobremanera de la acreción; como ya hemos visto, un proceso de acumulación de materia que se origina en las colisiones producidas entre las partículas de gas del disco de acreción, que reducen poco a poco su energía y las acercan al agujero negro. Si este proceso se ve interrumpido de alguna manera, eso perjudica al agujero negro, que ya no puede seguir creciendo a menos que tenga suerte con una fusión. Entonces, ¿hay algo que pueda interrumpir este proceso de acreción? Y, de ser así, ¿cuál es la masa máxima de un agujero negro?

Los primeros en intentar hacer una estimación de esa masa máxima fueron la astrofísica india Priya Natarajan (actualmente profesora en la Universidad de Yale) y el astrofísico argentino Ezequiel Treister (hoy profesor en la Universidad de Chile) en 2008. Partían de la premisa de que el límite de la masa de un agujero negro se establece de forma natural debido a la coevolución de los agujeros negros supermasivos y sus galaxias. El crecimiento continuado del agujero negro comporta una retroalimentación constante, que acaba por destruir el disco de acreción que lo rodea. Según sus cálculos, un agujero negro solo podría alcanzar hasta 10.000 millones de veces la masa del Sol.

Pero en 2015 el astrofísico británico Andrew King entró en el debate. King, que hizo su doctorado en la Universidad de Cambridge justo en el apogeo de la investigación de los agujeros negros, en la década de 1970, trabajó con Stephen Hawking; en la actualidad es profesor en la Universidad de Leicester y, en 2014, recibió la codiciada medalla Eddington de la Real Sociedad Astronómica de Londres por su trabajo sobre los agujeros negros y la relatividad general. King descubrió cierta peculiaridad gravitatoria de los agujeros negros que le permitió calcular que la masa máxima que estos podrían alcanzar mediante acreción sería 50.000 millones de veces la del

Sol (aunque se podría llegar a la friolera de 270.000 millones de veces la masa del Sol si el agujero negro girara en la misma dirección que su galaxia).

Todo tiene que ver con las numerosas «esferas» distintas que teóricamente podríamos dibujar alrededor de un agujero negro. Todos hemos oído hablar del horizonte de sucesos, que consideramos equivalente al tamaño del agujero negro en tanto marca el punto de no retorno a partir del cual ya no nos llega luz. Pero hay algunas otras esferas o distancias medidas desde la singularidad que por lo general solo se mencionan en conversaciones astrofísicas informales. Está la ergosfera, la región en torno a un agujero negro de la que se puede extraer energía (probablemente resulte obvio para quienes hablan griego: *ergon* significa 'trabajo'); por ejemplo, a través de la llamada *asistencia gravitatoria*, como la que utilizan las naves espaciales en nuestro Sistema Solar para robar un poquito de energía a objetos mucho más masivos que ellas.

Luego está la esfera de fotones: la región en torno al agujero negro donde la intensidad gravitatoria es tal que cualquier fotón (partícula de luz) que viaje a la velocidad de la luz seguiría una trayectoria tan curvada que se desplazaría en un círculo perfecto. Teóricamente, en la esfera de fotones podrías ver tu propia nuca (si no te has espaguetizado antes).[114] Esta esfera está justo después del horizonte de sucesos y es unas 1,5 veces mayor.

Pero la que resulta crucial para el proceso de acreción es la esfera denominada *órbita circular estable más interna*» (o ISCO, por sus siglas en inglés).[115] En la versión de la gravedad de Newton que todos aprendemos en la escuela, todas las órbitas per-

114. ¡Aprovecho cualquier excusa para dejar caer la palabrita!

115. Cuando pronuncio las siglas en inglés casi me siento como si estuviera haciendo percusión bucal. Querido Lin-Manuel (lo he mencionado tantas veces en estas notas que ya nos tuteamos), estoy esperando pacientemente un musical

fectamente circulares, sin importar la distancia, son muy estables. Eso significa que, si un objeto que está en una órbita circular sufre una ligera perturbación —imaginemos que un asteroide bastante grande impacta con otro en una órbita perfectamente circular—, esta última puede adaptarse y hacerse un poco elíptica (recuerda que un círculo es solo un caso muy especial de elipse en la que el afelio es igual al perihelio). Según esto, incluso si algo orbitara en torno al Sol en un círculo perfecto justo por encima de su superficie y se viera empujado por algún un impacto, podría adaptar su órbita a una forma elíptica y seguir girando alrededor del Sol.

Pero, en cambio, en la relatividad general de Einstein no ocurre lo mismo. Al acercarse a un objeto masivo, en particular si es muy compacto como un agujero negro, hay un punto a partir del cual, si algo que está en una órbita circular recibe un impacto, no puede corregir su órbita, y acaba precipitándose hacia el agujero negro en una trayectoria espiral. Este límite es el que marca la ISCO, que se halla al triple de distancia del horizonte de sucesos (aunque, si el agujero negro gira, puede ser un poco menos). Nada que tenga masa (es decir, que no sean fotones de luz) puede mantener una órbita estable en torno a un agujero negro por debajo de la ISCO. Por lo general, este límite señala aproximadamente el borde del disco de acreción que rodea el agujero negro. Al igual que ocurre con el horizonte de sucesos, existe una relación entre la ISCO y lo masivo que sea el agujero negro: conforme aumenta la masa del agujero negro, la ISCO se aleja.

Hay otra esfera más en torno a los agujeros negros: la que define el denominado *radio autogravitatorio*. También depende de las características del objeto que se acerque al agujero negro y

---

hip-hop sobre los agujeros negros que incluya un número de percusión bucal inspirado en la ISCO.

de la masa de este último, pero básicamente marca el punto en el que la fuerza gravitatoria que mantiene unido al objeto en cuestión (autogravedad) es mayor que la atracción del agujero negro. Se trata de un punto crucial, ya que explica de entrada por qué hay galaxias de estrellas alrededor de los agujeros negros supermasivos: más allá de este radio, el gas de la galaxia experimenta una atracción gravitatoria mutua superior a la atracción del agujero negro supermasivo del centro, lo que posibilita que dicho gas se vuelva cada vez más denso hasta colapsar sobre sí mismo y formar estrellas. Si no ocurriera eso, ni siquiera estaríamos aquí: todos nuestros átomos formarían parte de un gigantesco disco de acreción en torno al agujero negro supermasivo de la Vía Láctea.

Lo que Andrew King señaló en 2015 fue que, a medida que los agujeros negros supermasivos se hacen cada vez mayores (por acreción y coevolución con sus galaxias), la ISCO se ve empujada más allá del radio autogravitatorio. Eso implica que, por muchas colisiones que sufran las partículas de gas del disco de acreción, la consiguiente pérdida de energía nunca bastará para reducir su órbita hasta el punto de cruzar la ISCO, precipitarse en espiral hacia el agujero negro y terminar acrecentando su masa. Antes bien, la atracción gravitatoria de todas las demás partículas del disco de acreción siempre será más fuerte que la del agujero negro.

De hecho, en este punto ni siquiera llegará a formarse un disco de acreción. En su lugar, si se produce una afluencia de gas, su autogravedad lo mantendrá unido y rodeará el agujero negro relativamente intacto, de manera similar al curso de la nube de gas G2 en torno al agujero negro de la Vía Láctea. A menos que el material se desplace en una trayectoria que apunte de manera directa al agujero negro (lo cual es bastante raro, dada la inmensidad del espacio y lo relativamente pequeños que son los agujeros negros, incluso los ultramasivos), no acabará convirtiéndose en parte de él. La ausencia de disco de acreción implica que tampoco podremos detectar un agujero negro ultramasivo, dado que no habrá materia luminosa a su alrededor iluminándolo como un árbol de Navidad.

Eso es lo que hace que TON 618 sea tan interesante: un agujero negro ultramasivo de 66.000 millones de veces la masa del Sol, se sitúa por encima de la estimación de King del límite máximo para un agujero negro no giratorio (que era de 50.000 millones de veces la masa del Sol). Como la mayoría de los agujeros negros son giratorios (es cosa del momento angular, no hay quien se libre de él), tampoco es que resulte tan sorprendente; pero significa que podría estar acercándose a su masa máxima.

La peculiaridad de TON 618 se observó mucho antes de que se identificara su naturaleza. En 1957, los astrónomos mexicanos Braulio Iriarte y Enrique Chavira lo detectaron en una serie de placas fotográficas tomadas en el Observatorio de Tonantzintla, en México, donde constataron que parecía tener un color violeta. Finalmente sería identificado como cuásar en 1970 por un grupo de astrónomos italianos que realizaban una exploración radioastronómica del cielo en Bolonia. Más tarde, en 1976, la astrónoma francesa Marie-Helene Ulrich consiguió calcular su distancia recurriendo al Observatorio McDonald de Texas (la luz que llega a nosotros salió de él hace 10.800 millones de años), y determinó que se trataba de uno de los cuásares más luminosos descubiertos hasta el momento (cuanto más luminoso es el cuásar —esto es, el disco de acreción—, más masivo es el agujero negro).

Justamente midiendo la velocidad del gas en el disco de acreción se pudo hacer la estimación de la masa de TON 618: 66.000 millones de veces la masa del Sol. Soy consciente de que no dejo de repetir esa cifra, pero es que es *enorme* de verdad. Es superior a la masa total de las estrellas de toda la Vía Láctea (estimada en 64.000 millones de veces la del Sol). Su horizonte de sucesos es 1.300 veces mayor que la distancia entre la Tierra y el Sol (o 40 veces la distancia entre el Sol y Neptuno). Es un auténtico monstruo, lo bastante masivo para infundir miedo en los corazones de todos nosotros, enclenques humanos; y, sin embargo, a menos que te lances directamente hacia TON 618 desde un cañón, al estilo de Zazel,[116] no tienes absolutamente nada que temer de él. Es casi como si el universo hubiera puesto por fin un tapón en el desagüe del fregadero.

Resulta fascinante considerar las implicaciones de este límite en la masa que puede alcanzar un agujero negro por acreción y el hecho de que TON 618 se haya aproximado a ella. Significa que podríamos estar acercándonos a la época en la evolución del universo en la que los agujeros negros alcancen su límite. Cuando eso ocurra y dejen de crecer, o de brillar, los cuásares de todo el universo comenzarán a apagarse. Si hubiera pasado unos pocos millones de años antes, es posible que los seres humanos nunca hubiéramos sabido de la existencia de los agujeros negros supermasivos. Hasta podría darse el caso de que hubiera algunos agujeros negros que hubieran alcanzado el estatus de ultramasivos, pero no supiéramos que están ahí. Si no nos llega uno u otro tipo de luz del disco de acreción, no podemos esperar medir la masa de los agujeros negros ubicados en los centros de galaxias lejanas. Quizá ya haya agujeros negros ultramasivos ocultos entre nosotros.

Me asombra, al tiempo que me decepciona un poco, esa posibilidad de que estemos viviendo una época del universo en

116. Rossa Matilda Richter, también conocida por su nombre artístico de Zazel, fue la primera persona que se hizo disparar desde un cañón a la edad de diecisiete años, en 1877, en el Royal Aquarium de Londres. Zazel recorrió Europa y América con el circo ambulante de Barnum & Bailey, más conocido como «El mayor espectáculo del mundo». Los fans del reciente filme de Hugh Jackman *El gran showman* deberían saber de qué hablo.

la que algunos agujeros negros podrían no volver a crecer más. Es como si todos esos grandes, aterradores, misteriosos y exasperantemente interesantes agujeros negros hubieran pasado su apogeo e iniciado su senescente declive. No sé si reír o llorar al pensarlo. Y, sin embargo, puede que ellos rían los últimos.

15

Todo lo que muere algún día regresa

La eternidad es mucho tiempo. Lo cierto es que el cerebro humano no puede asimilar el concepto de infinitud; especialmente el de un tiempo infinito, por más novelas que se escriban contemplando la idea de la inmortalidad. Al pensar en cómo se forman y crecen los agujeros negros, es inevitable preguntarse si también pueden morir. ¿Son los agujeros negros eternos e inmortales, viven para siempre mientras el universo evoluciona, con la materia eternamente atrapada en la prisión del horizonte de sucesos? ¿O hay alguna forma de que acaben muriendo?

El físico británico Stephen Hawking se planteó esta misma cuestión en 1974. La vida de Hawking fue realmente extraordinaria. En 1963, a los veintiún años, solo seis meses después de haber iniciado su doctorado en cosmología en la Universidad de Cambridge, le diagnosticaron una esclerosis lateral amiotrófica (ELA) de aparición temprana, una enfermedad de la motoneurona que limita el control de los músculos voluntarios que regulan el habla, la alimentación y la ambulación. Sus médicos le dijeron que le quedaban dos años de vida y en ese momento pensó que había pocas razones para continuar con sus estudios. Sin embargo, dado que su enfermedad avanzaba más despacio de lo que se había creído inicialmente y que su mente no estaba afectada, su director de tesis, Dennis Sciama, le animó a retomar sus investigaciones sobre las singularidades. En su tesis doctoral, Hawking exploró la idea de que el propio universo podría haberse iniciado en una singularidad; una idea que revolucionaría la cosmología mediante la aplicación de la relatividad general.

Con el descubrimiento de las estrellas de neutrones a finales de la década de 1960 y los trabajos de Hawking sobre las singularidades (tanto en relación con los agujeros negros como con el inicio del universo), el concepto de agujero negro fue ganando cada vez mayor aceptación, al menos en la comunidad de físicos teóricos, pero planteaba todavía numerosos interrogantes. A primera vista, los agujeros negros parecen romper muchas leyes de la física, de las que una de las más básicas es la segunda ley de la termodinámica: que la entropía siempre debe aumentar. La entropía suele describirse como un indicador de desorden, pero quizá podría describirse mejor mediante la sencilla afirmación de que ocurrirá lo que sea más probable que ocurra. Si llenamos una caja de monedas con todas las caras hacia arriba y la agitamos, es muy poco probable que al abrirla todas las monedas sigan mostrando la cara o acaben todas mostrando la cruz. Lo más probable, en cambio, es que acabemos con un revoltijo en el que más o menos la mitad de las monedas terminen cara arriba y la otra mitad con la cruz a la vista. De manera similar, si cascamos un huevo en un tarro y lo agitamos, lo más probable es que la yema no quede intacta; este último es un ejemplo especialmente apropiado, ya que el proceso de revolver el huevo es irreversible: no se puede volver a reconstruir el huevo porque la entropía no puede disminuir.

Cuando un agujero negro acumula materia por acreción, esta queda limpiamente atrapada para siempre más allá del horizonte de sucesos. Este proceso elimina un poco de desorden del universo y disminuye la entropía, por lo que parece violar la segunda ley fundamental de la termodinámica. En 1972, el físico y astrónomo estadounidense-israelí de origen mexicano Jacob Bekenstein (entonces estudiante de doctorado en la Universidad de Princeton) resolvió el problema.[117] Comprendió que, conforme un agujero negro acumula más materia e incrementa su masa, su horizonte de sucesos también se ensancha. El horizonte de sucesos es una esfera en torno a la singularidad y, por lo tanto, técnicamente dicha esfera tiene una «superficie», con un área determinada. A medida que el agujero negro crece, también aumenta el área superficial de la esfera del horizonte de sucesos. Es esta área la que, para Bekenstein, determina la entropía del agujero negro: cuando aumenta, también lo hace la entropía, contrarrestando la pérdida de entropía de la materia que se precipita en su interior. La entropía global del universo sigue aumentando, tal como decreta la segunda ley de la termodinámica.

Hawking, sin embargo, no estaba tan seguro. La entropía está intrínsecamente ligada a la cantidad de energía térmica que desprende un determinado proceso; de ahí lo de *termo*-dinámica. La variación de la entropía está vinculada a la transferencia de calor de caliente a frío; para que se produjera una transferencia espontánea de energía térmica de frío a caliente, la entropía tendría que disminuir, lo cual resulta menos probable. Esa es la razón por la que una bebida caliente se enfría y una bebida fría se calienta: el calor se transfiere de caliente a frío, dado que es lo más probable que ocurra. Hawking razonó que,

117. Bekenstein también desarrolló el llamado teorema de la «falta de pelo» de los agujeros negros, según el cual, con independencia de lo que contenga un agujero negro (es decir, de lo que haya acumulado por acreción a lo largo de los años), se puede describir mediante tres factores: su masa, su carga eléctrica y la velocidad a la que gira. No se necesita ninguna otra información (el «pelo» es aquí una metáfora de esa información adicional) para establecer por completo la naturaleza del agujero negro: «El agujero negro no tiene pelo». Supongo que otra forma de verlo sería que los agujeros negros no necesitan ninguna «cabellografía» para asombrarnos. Son todos calvos.

si la superficie del horizonte de sucesos tuviera entropía, debería emitir radiación.

Hawking se propuso refutar esa idea y sabía que, para hacerlo, tenía que cuadrar la mecánica cuántica con la relatividad general. La mecánica cuántica es lo que sustenta el comportamiento de las partículas a la más pequeña escala, y es lo que origina las leyes de la termodinámica. Dado que la relatividad general no puede ayudarnos a entender mucho más allá del concepto de una singularidad y un horizonte de sucesos, ¿podría una teoría de la gravedad cuántica ayudar a explicar lo que ocurría?

En 1973, Hawking viajó a Moscú para trabajar con los astrofísicos soviéticos Yákov Zeldóvich y Alekséi Starobinski, que habían estado aplicando las ideas de la mecánica cuántica al caso de un espacio extremadamente curvado como el que rodea a los agujeros negros. Sabían que el espacio curvado causaría estragos en el equilibrio de energía del propio espacio a una diminuta escala cuántica. Pese a la incredulidad de Hawking, tenían ecuaciones que respaldaban el postulado de que los agujeros negros en rotación deberían poder crear y emitir partículas, lo que a su vez apoyaba las ideas de Bekenstein sobre la entropía del agujero negro.

Para su propio disgusto y sorpresa, los propios cálculos iniciales de Hawking mostraron lo mismo (y que incluso los agujeros negros que no estaban en rotación también deberían poder crear partículas), de modo que se convirtió en una auténtica obsesión para él explicar qué ocurría. Pero, para poder explicarlo del todo, hace falta una teoría de la gravedad cuántica: una combinación de mecánica cuántica y relatividad general que permita averiguar qué ocurre con las fluctuaciones de energía cuántica en un espacio curvo. Por desgracia para Hawking, esa teoría no existía, y aún hoy sigue sin existir. De modo que en su lugar tomó un atajo: consideró la energía cuántica antes y después de que se hubiera formado un agujero negro, cuando el espacio era y no era curvo.

El de la mecánica cuántica es un mundo extraño. Entre otras cosas, dice que hay energía en el propio espacio, gracias a diminutas vibraciones, o *fluctuaciones*, por utilizar el término físico apropiado. Dichas vibraciones pueden adoptar ciertos «modos» distintos. Imagina el espacio como una cuerda de violín, y los modos cuánticos como diferentes notas:[118] si deslizas un dedo sobre un traste, cambiará la nota que emite la cuerda (es decir, la energía con la que vibra). Sin embargo, las fluctuaciones cuánticas son un poco distintas de las notas musicales de las cuerdas en cuanto puede haber longitudes de onda positivas y negativas que se anulen mutuamente, creando un equilibrio de energía perfecto (lo que se conoce como *estado de vacío*).

Hawking argumentó que la formación de un agujero negro en la trayectoria de estas fluctuaciones cuánticas podría perturbar los modos con longitudes de onda similares al horizonte de sucesos, que en ese punto desaparecerían en el agujero negro. En cambio, otros modos con longitudes de onda diferentes evitarían la perturbación y continuarían su alegre camino cuántico. Esto alteraría el equilibrio de energías de los modos cuánticos en el propio espacio, lo que implicaría que algunos de ellos ya no tendrían otro modo que los anulara. Ese desequilibrio de energía se libera en forma de radiación real: luz con una longitud de onda similar al tamaño del horizonte de sucesos del agujero negro. Así pues, los horizontes de sucesos de los agujeros negros supermasivos deberían emitir radiación con una longitud de onda más larga, como las ondas de radio, mientras que los más pequeños deberían emitir radiación con una longitud de onda más corta, como los rayos X o

118. No estoy hablando aquí de la teoría de cuerdas; solo utilizo las cuerdas de un violín como analogía.

los rayos gamma, con una potencia casi explosiva. De hecho, Hawking dio al artículo en el que describía este proceso el título de «¿Explosiones de agujeros negros?», si bien la radiación descrita acabaría conociéndose como *radiación de Hawking*.

Lo verdaderamente extraordinario fue que, cuando Hawking siguió todos los cálculos matemáticos de la mecánica cuántica para llegar a esta conclusión, comprendió que la distribución de las diferentes longitudes de onda de la radiación emitida en este proceso tendría exactamente la misma forma que la de la radiación térmica emitida por un cuerpo caliente como una estrella. También aquí existe un vínculo entre la termodinámica y la física de los agujeros negros. En la termodinámica corriente se conoce como *radiación de cuerpo negro* a la emitida por cualquier cosa que esté calentando su entorno, desde una estrella hasta un horno, pasando por el propio cuerpo humano. Mientras que una estrella masiva emite la mayoría de su radiación en las longitudes de onda del espectro ultravioleta y la luz visible, la mayor parte de la radiación del cuerpo humano se emite en el espectro infrarrojo, con longitudes de onda más largas; ello se debe, obviamente, a que un ser humano es mucho más frío que una estrella. La distribución de longitudes de onda en la emisión de radiación térmica tiene una forma muy específica que únicamente guarda relación con la temperatura del objeto, un fenómeno que descubrió en 1900 el físico alemán Max Planck, uno de los pioneros de la mecánica cuántica. Por eso las estrellas calientes son azules y las frías son rojas.

Hawking se dio cuenta de que la radiación producida cuando los agujeros negros perturbaban las fluctuaciones de energía cuánticas podía describirse de manera similar, con la única diferencia de que, en lugar de ser la temperatura la que determinaba la forma de la distribución, en este caso la que lo hacía era el área superficial del horizonte de sucesos (y, por lo tanto, la masa del agujero negro); tal como Bekenstein había postulado, pero no había podido explicar. Sin embargo, el factor clave de la radiación de Hawking es que una parte de la energía necesaria para convertir una diminuta fluctuación cuántica en radiación emitida real proviene del propio agujero negro. Recuerda que en la ecuación más famosa de Einstein, $E = mc^2$, energía y masa son equivalentes. Así pues, conforme el agujero negro pierde energía para producir la radiación de Hawking, también pierde masa; es decir, que se va «evaporando» poco a poco.

Subrayo lo de «poco a poco». Hawking calculó cuánto duraría en realidad este proceso y descubrió que, una vez más, todo dependía de la masa del agujero negro. Hipotéticamente, un agujero negro de la misma masa que el Sol podría evaporar toda su energía en forma de radiación de Hawking en 10^{64} años (es decir, un uno seguido de 64 ceros, o, lo que es lo mismo, 10.000 millones de trillones de trillones de trillones de años). Si consideras que el propio universo solo tiene 13.800 millones de años de existencia, podrás hacerte una idea de lo extremamente perezosa que llega a ser la radiación de Hawking. No obstante, Hawking calculó que cualquier agujero negro primigenio que se hubiera formado en el universo primitivo con una masa inferior a un billón de kilogramos ya habría tenido tiempo suficiente para evaporarse (en comparación, digamos que la masa de la Tierra es de unos seis billones de billones de kilogramos, así que el Planeta 9 sigue a salvo, no te preocupes).

Lo más emocionante es que, si tales agujeros negros existen, quizá podamos detectar sus últimas bocanadas de radiación de Hawking antes de que se evaporen por completo. En los últimos 0,1 segundos de este proceso de evaporación, un agujero negro de un billón de kilogramos emitiría la energía equivalente a una bomba de hidrógeno de un millón de megatones. Parece enorme, pero desde una perspectiva astronómica resulta insignificante: las supernovas explotan con energías mil millones de billones de veces mayores que esta, y siguen irradiando durante días.

Así pues, aunque seguimos manteniendo la esperanza de observar la radiación de Hawking de un agujero negro en acción, hasta el momento aún no la hemos detectado. La radiación de Hawking sigue siendo hipotética, una gran idea sobre el papel, pero todavía no respaldada por datos reales. Ello podría deberse simplemente a que aún no hemos aguardado lo bastante para constatarla; se trata de un proceso tan lento que una vida humana podría no dar tiempo a que se emita la radiación que esperamos detectar.

El agujero negro supermasivo del centro de la Vía Láctea sería el candidato más probable, pero, con sus cuatro millones de veces la masa del Sol, la radiación de Hawking tendría una gran longitud de onda y se emitiría a un ritmo mucho más lento. Tardaría 10^{87} años en evaporarse por completo, y eso en el caso de que hubiera terminado de crecer y dejara de acumular material en el futuro. En el caso de TON 618, que se aproxima a su masa máxima de acreción, el tiempo de evaporación sería de casi 10^{100} años (lo que se conoce como un gúgol). Que el agujero negro de la Vía Láctea o TON 618 lleguen a evaporarse algún día o no depende de cuánto tiempo dure el universo. ¿Le quedan tantísimos años?

Epílogo

Aquí, al final de todas las cosas

Al acercarnos al final de este libro, parece lógico pensar en cómo podría acabar también nuestro universo. Cuando observamos el espacio, vemos que, en general, la luz de casi todas las galaxias se desplaza hacia el rojo. Se alejan unas de otras porque el universo se expande. Este descubrimiento, realizado en la década de 1920, dio lugar a la que sería una de las teorías más famosas de la ciencia: la del *Big Bang*, o 'Gran Explosión'. Si pudiéramos rebobinar la evolución del universo, veríamos cómo todas las galaxias se acercan unas a otras hasta que toda la materia acaba comprimiéndose en un espacio infinitamente pequeño. ¿Te suena? Si intentas meter una gran cantidad de cualquier cosa (masa, temperatura, presión) en un espacio infinitamente pequeño, acabarás con una singularidad.

Uno de los principales malentendidos en relación con la teoría del *Big Bang* es que se trata de una teoría de la creación del universo. Pero no es así. La teoría del *Big Bang* describe cómo el universo pasó de un estado extraordinariamente denso y caliente a evolucionar para dar lugar a la distribución y las diferentes formas de galaxias que vemos hoy. No explica lo que ocurre en ese primer momento de la «creación» en que el tiempo era cero ($t = 0$). Nuestros conocimientos de física nos permiten rebobinar hasta el momento en que el universo tenía apenas 10^{-36} segundos de existencia (una trillonésima de trillonésima de segundo), pero antes de eso todas las leyes físicas conocidas se van al traste. Las cuatro fuerzas fundamentales que conocemos —la gravedad, el electromagnetismo, la fuerza fuerte (que mantiene unidos los átomos) y la fuerza débil (que rige la radiactividad)— se comportan de forma completamente distinta y se fusionan en una sola. Para describir esos momentos necesitaríamos una Gran Teoría Unificada, cosa que aún no tenemos, del mismo modo que para comprender la entropía de un agujero negro Hawking necesitaba una teoría que unificara la mecánica cuántica y la relatividad general, pero aún no existía ninguna.

Así pues, todavía no entendemos bien la singularidad del principio del universo, pero sí sabemos que tiene que ser distinta de la singularidad de los agujeros negros que atrapan todo lo que cruza su horizonte de sucesos, ya que, de lo contrario, no estaríamos todos aquí. Por alguna razón, el espacio comenzó a expandirse, acelerado por algo que llamamos *energía oscura*, pero de cuya auténtica naturaleza no tenemos ni idea. La historia de la física dista mucho de haberse completado; quedan muchos más misterios que los físicos en ciernes habrán de descifrar, subidos a hombros de todos los gigantes que les han precedido y de los que hemos hablado en las páginas de este libro.

Como ocurre en las estrellas, los últimos 13.800 millones de años de la historia del universo han sido una lucha entre la fuerza de expansión del espacio y la fuerza de contracción debida a la gravedad de la materia. Es una lucha que hasta ahora ha ganado la expansión; pero si pensamos en el destino último del universo, dentro de muchos miles de millones de años, todo dependerá de qué parte de su presupuesto energético se traduzca en impulsar la expansión y qué parte en fabricar materia. Si estas dos energías se equilibran, a la larga la expansión del universo se ralentizará hasta hacerse infinitesimal. Tenemos la esperanza de poder medir este proceso con una fórmula llamada *parámetro de densidad*: la suma de la densidad media de toda la materia, la radiación y la energía oscura del universo, dividida por la densidad crítica que compensaría perfectamente la expansión. Si el parámetro de densidad es igual a 1, entonces la expansión está perfectamente compensada por el contenido del universo, y sabemos que al final este alcanzará un estado de equilibrio: un justo término medio.

Si el parámetro de densidad es inferior a 1, eso significa que la expansión supera a la materia, y el universo terminará en lo que llamamos *Big Rip*, o 'Gran Desgarro'. La expansión aumentará de manera exponencial hasta superar no solo a la gravedad, sino incluso a la fuerza fuerte que mantiene unidas las partículas de los propios átomos. El universo acabaría como una colección extremadamente dispersa de partículas exánimes.

Si, en cambio, el parámetro de densidad es mayor que 1, la materia supera a la expansión. Entonces la expansión del espacio comenzará a ralentizarse hasta que al final retroceda y el universo se contraiga en lo que se conoce como *Big Crunch*, o 'Gran Implosión'. En este escenario, toda la materia y la energía del universo se volverán a reagrupar, y en ese proceso algunas zonas del universo se harán lo suficientemente densas para formar agujeros negros ultramasivos antes de contraerse también en una solitaria singularidad. Esta idea de un universo de naturaleza cíclica, que vuelve al punto de partida, no deja de tener su encanto. Algunos astrofísicos incluso están investigando la posibilidad de un *Big Bounce*, o 'Gran Rebote', en el que el universo oscile eternamente entre la expansión del *Big Bang* y la contracción del *Big Crunch*.

Como hemos señalado, para averiguar cuál de estos escenarios es el destino último del universo podemos intentar medir el parámetro de densidad. Una de las mediciones más precisas de las que disponemos procede del satélite WMAP,[119] que exploró la llamada *radiación de fondo de microondas*, un eco de la radiación del universo primitivo que nos revela qué condiciones había entonces. Combinando los datos del WMAP con las mediciones de la tasa de expansión del universo a partir de las supernovas de nuestro entorno más cercano, se obtiene un valor para el parámetro de densidad de 1,02 ±0,02. Este ±0,02 es la incertidumbre de la medición, y significa que el valor podría estar entre 1,00 y 1,04.

El WMAP nos reveló que el universo se halla sugerentemente cerca del equilibrio y, aun así, el parámetro de densidad parece decantarse en favor de que la materia termine superando un día a la expansión. Si su valor resulta ser en efecto mayor que 1, entonces el destino final del universo es un *Big Crunch*. Toda la materia del universo retrocederá hasta una singularidad final: el agujero negro que acabará con todos los agujeros negros.

De modo que, mientras lees estas líneas, tranquilamente sentado pero viajando por el espacio a toda velocidad, orbitando felizmente el agujero negro supermasivo del centro de la Vía Láctea sin peligro de «caer en él», estoy segura de que, como yo, no podrás evitar pensar en la inevitabilidad de los agujeros negros. Estamos intrínsecamente ligados a ellos en vida, y en la muerte puede que un día, en un futuro inconmensurablemente lejano, nuestros átomos acaben formando parte del agujero negro último del universo. Esperemos que allí también haya un restaurante.

---

119. WMAP son las siglas de Wilkinson Microwave Anisotropy Probe, o 'Sonda Wilkinson de Anisotropía de Microondas'. Se llama así en honor del astrofísico estadounidense David Wilkinson, pionero en el estudio de la radiación de fondo de microondas en la década de 1970. Wilkinson formó parte del equipo científico del proyecto WMAP y pudo ver el lanzamiento del satélite en 2001, pero no los novedosos resultados científicos que reveló, ya que lamentablemente falleció en 2002 tras diecisiete años de lucha contra el cáncer.

Agradecimientos

¡Vaya, este libro me ha salido un poco largo! Casi parece que también habría que clasificarlo como ultramasivo. Supera de largo las 60.000 palabras, mientras que, en comparación, mi tesis doctoral rondaba las 56.000; así que básicamente he escrito otra tesis entera. Para ser alguien a quien en la escuela le dijeron que no escribía muy bien, no dejo de sentirme asombrada de mí misma. Para mí, el espacio es difícil, pero las palabras aún lo son más.

Obviamente, he tenido detrás a todo un equipo de personas maravillosas ayudándome a hacerlo realidad. Para empezar, quiero dar las gracias a mi primera agente, Laura McNeill, que sacó esta idea del oscuro rincón de mi cerebro donde se ocultaba y creyó que podía hacerlo. Laura, buena suerte en tus futuros proyectos fuera del mundo editorial. A Adam Strange, de Gleam, que continuó donde Laura lo había dejado, gracias por ser mi mayor apoyo (aunque ambos sabemos que tu hija va a disputarte ese título).

Vaya un enorme agradecimiento a toda la gente de Pan Macmillan que convirtió mi verborrea científica en un libro real y tangible. Gracias a mi editor, Matthew Cole, por creer en este libro desde el principio, y por señalar todas las piezas del rompecabezas que aún faltaban para los no iniciados en los agujeros negros. Gracias a Charlotte Wright y Fraser Crichton por revisar a fondo el manuscrito y corregir todas mis deficiencias gramaticales y de estructura de las oraciones. Y, por supuesto, a Josie Turner, Jamie Forrest y todo el equipo de Pan Macmillan por todos sus esfuerzos para la promoción y comercialización del libro en todo el mundo.

Mi hermana, Megan Smethurst, es la maravillosa persona responsable de los dibujos que aparecen en este volumen. Mientras que yo soy la científica de la familia, ella es la artista, y nunca dejaré de sentirme absolutamente impresionada por su talento. Ahora entiendo mucho más de fuentes tipográficas que antes. ¡Gracias, Meglar!

Vaya un enorme y reverente agradecimiento a todos los científicos que me precedieron por todos sus esfuerzos, especialmente a las mujeres que abrieron camino en el mundo científico masculino, y gracias a la cuales hoy nadie cuestiona mi papel como astrofísica.

Este libro se escribió en la segunda mitad de 2021, cuando parecía que el mundo empezaba a regresar a la normalidad, y se terminó justo antes de las Navidades de 2021, cuando esa normalidad volvía a verse amenazada. Lo escribí en cafeterías, despachos y viviendas; en particular, en una semana de «retiro para escritores» en Cambridge. Fue allí donde me di cuenta de que el Laboratorio Cavendish alberga una parte *enorme* de la historia de los agujeros negros, lo que me llevó a escribir el exasperado comentario sobre mi imposibilidad de parar que aparece en una de las notas del libro. Gracias a todos los propietarios y trabajadores de las cafeterías que recrearon el animado ambiente durante largo tiempo añorado por los académicos que, como yo, buscaban un espacio novedoso en el que trabajar e inspirarse.

Junto con el ejército profesional, hay también un ejército personal que con su apoyo facilita la escritura de cualquier libro. A mamá, papá y, de nuevo, mi hermana Megan, gracias por creer siempre en mí y por la emoción que habéis expresado al leerlo por fin. Os quiero mucho a todos, y sé que colectivamente captaréis mis arbitrarias referencias a la cultura popular y a las letras de canciones en las que he basado los títulos de mis capítulos. «A hombros de gigantes» es una cita de Oasis, ¿no?

Hablando de letras, también me motivé escuchando música muchas tardes en las que me ponía a escribir después de terminar mi jornada de investigación. En el libro hay al menos tres referencias a Taylor Swift; su música y sus letras me llegan muy adentro, y siempre me sentiré impresionada por quienes son capaces de crear algo tan potentemente hermoso como hace ella. *Folklore*, *Evermore* y *Red (Taylor's Version)* conformaron la principal banda sonora de mi frenético tecleo.

Por último, decir simplemente gracias no hace justicia a mi compañero Sam. «Becky no habría llegado muy lejos sin Sam». Por cada larga tarde escribiendo, por escucharme mientras te entretenía contándote todos los «datos curiosos» que descubría investigando, por cada sonrisa que me reconfortaba al final del día, gracias. Te quiero, *siempre*.

Bibliografía

EMILIO, M., *et al.*, «Measuring the Solar Radius from Space during the 2003 and 2006 Mercury Transits», *The Astrophysical Journal*, vol. 750, n.º 2, p. 135 (2012), doi.org/10.1088/0004-637X/750/2/135.

GIACINTUCCI, SIMONA, *et al.*: «Discovery of a Giant Radio Fossil in the Ophiuchus Galaxy Cluster», *The Astrophysical Journal*, vol. 891, n.º 1, p. 1 (2020), doi.org/10.3847/1538-4357/ab6a9d.

HUYGENS, CHRISTIAAN: *Traité de la lumière* ('Tratado sobre la luz'), 1678, publicado en 1690.

KAFKA, P.: «Discussion of Possible Sources of Gravitational Radiation», *Mitteilungen der Astronomischen Gesellschaft*, vol. 27, p. 134 (1969).

MANHES, GÉRARD, *et al.*: «Lead Isotope Study of Basic-Ultrabasic Layered Complexes: Speculations about the Age of the Earth and Primitive Mantle Characteristics», *Earth and Planetary Science Letters*, vol. 47, n.º 3, p. 370 (1980), doi.org/10.1016/0012-821X(80)90024-2.

MONTESINOS ARMIJO, M. A., y J. A. DE FREITAS PACHECO: «The Growth of Supermassive Black Holes Fed by Accretion Disks», *Astronomy & Astrophysics*, vol. 526, A146 (2011), doi.org/10.1051/0004-6361/201015026.

RINDLER, W.: «Visual Horizons in World Models», *Monthly Notices of the Royal Astronomical Society*, vol. 116, n.º 6, p. 662 (1956), doi. org/10.1093/mnras/116.6.662.

RöNTGEN, W. C.: «Ueber eine Neue Art von Stahlen», en *Sitzungs-berichte der Physik.-Med. Gesellschaft zu Würzburg* (1896).

SCHOLTZ, JAKUB, y JAMES UNWIN: «What If Planet 9 Is a Primordial Black Hole?», *Physical Review Letters*, vol. 125, n.º 5, 051103 (2020), doi.org/10.1103/PhysRevLett.125.051103.

SCHWARZSCHILD, KARL: «Carta a Einstein», en H. H. VOIGT (ed.), *Gesammelte Werke / Collected Works*, Springer, 1992, vol. 1-3 (1915).

WEBSTER, B. L., y P. MURDIN: «Cygnus X-1: A Spectroscopic Binary with a Heavy Companion?», *Nature*, vol. 235, n.º 5332, pp. 37-38 (1972), doi.org/10.1038/235037a0.

WHEELER, J. A.: «Our Universe: The Known and the Unknown», *American Scientist*, vol. 56, n.º 1 (1968).

Índice alfabético

Los números de página en *cursiva* hacen referencia a imágenes.